全国中医药行业高等教育"十四五"创新教材

浙江省普通高校"十三五"首批新形态教材

植物化妆品开发

（供中药学、药学、化工及相关专业用）

主　编　黄　真

全国百佳图书出版单位

中国中医药出版社

·北京·

图书在版编目（CIP）数据

植物化妆品开发 / 黄真主编 . —北京：中国中医药出版社，2023.12
全国中医药行业高等教育"十四五"创新教材
ISBN 978 – 7 – 5132 – 8232 – 1

Ⅰ . ①植…　Ⅱ . ①黄…　Ⅲ . ①植物—化妆品—中医学院—教材
Ⅳ . ① TQ658

中国国家版本馆 CIP 数据核字（2023）第 106604 号

中国中医药出版社出版

北京经济技术开发区科创十三街 31 号院二区 8 号楼
邮政编码　100176
传真　010-64405721
河北省武强县画业有限责任公司印刷
各地新华书店经销

开本 787×1092　1/16　印张 10.5　字数 231 千字
2023 年 12 月第 1 版　2023 年 12 月第 1 次印刷
书号　ISBN 978 – 7 – 5132 – 8232 – 1

定价　45.00 元
网址　www.cptcm.com

服 务 热 线　010-64405510
购 书 热 线　010-89535836
维 权 打 假　010-64405753

微信服务号　zgzyycbs
微商城网址　https://kdt.im/LIdUGr
官 方 微 博　http://e.weibo.com/cptcm
天猫旗舰店网址　https://zgzyycbs.tmall.com

如有印装质量问题请与本社出版部联系（010-64405510）

全国中医药行业高等教育"十四五"创新教材

浙江省普通高校"十三五"首批新形态教材

《植物化妆品开发》编委会

主　审　杜达安（广东省疾病预防控制中心）

主　编　黄　真（浙江中医药大学）

副主编　郭昌茂（国家药品监督管理局南方医药经济研究所）

　　　　仇凤梅（浙江中医药大学）

　　　　张　坚（天津中医药大学）

编　委　（按姓氏笔画排序）

　　　　丁韩洁（浙江中医药大学）

　　　　杨锦杰（浙江大学华南工业技术研究院）

　　　　张　驰（浙江中医药大学）

　　　　陈立兵（浙江中医药大学）

　　　　陈梦静（浙江中医药大学附属第二医院）

　　　　钟之钧（浙江大学自贡创新中心）

　　　　胥　萍（浙江大学华南工业技术研究院）

　　　　粟鹏一（浙江大学滨海产业技术研究院）

编写说明

  《植物化妆品开发》是药学类、中药学类、化工类等专业关于植物化妆品开发的指导性教材。本教材根据专业人才培养目标和学科教学特点，系统涵盖植物化妆品原料安全性和有效性、原料组分的性能及运用特点，各种化妆品的配方、制备、产品质量与安全性评价，以及常见皮肤问题的病理原因、化妆品的作用机理、应用等知识模块，最终形成以病理－治法－配方－制剂为主线的科学完整的课程知识体系。本教材可供高等医药、农林、理工等院校的中药学、药学、化工及相关专业的本科生使用，亦可供相关领域的研究人员和科技工作者参考。

  本教材是在教学、科研、临床、生产实践经验基础上编写而成的，汇集行业专家及一线教师、临床药师的工作经验，由十多位专业人员参与编写，全书由黄真教授统稿，由杜达安教授终审并修改定稿。

编者

2023 年 7 月

目 录

第一章 **绪 论** ▷▷▷▷
··

　　植物化妆品开发（Development of Phytology Cosmetics）是一门开发含植物成分的化妆品的应用学科。化妆品属于流行性时尚快消品，更新换代非常快，当前化妆品发展趋向天然、绿色，因此含植物功效成分的新产品开发是当下研究的热点。如何满足消费者心理及市场需求，提高产品竞争力，是植物化妆品开发研究的主题。植物化妆品开发是化妆品学的应用分支，是一门以化学为基础的交叉学科，涉及化学、物理学、生物学、医学、美学等。为达到预定植物化妆品开发目标，需要特别关注植物原料的安全性和有效性。植物原料与化妆品的品质有密切关系，植物的标准名称、产地、具体使用部位及其栽培等情况均需明确；同时，植物化妆品符合化妆品的特点和基本架构，涉及化妆品原料组分的结构、性能及运用特点，各种化妆品的配方、制备、产品质量与安全性评价，以及化妆品的作用机理、应用等基本内容。

第一节　植物化妆品概述

一、概念

　　1. 化妆品　我国化妆品领域现行基本法规《化妆品监督管理条例》（2021年）规定，化妆品是指以涂擦、喷洒或者其他类似方法，施用于皮肤、毛发、指甲、口唇等人体表面，以清洁、保护、美化、修饰为目的的日用化学工业产品。该定义明确了化妆品的使用方法、使用部位和使用目的，实际也规定了化妆品的范畴。该定义主要包括以下四个维度。

　　一是化妆品的使用方法，以涂擦、喷洒或者其他类似方法，这就排除了口服、注射的产品，使用方法为口服、注射的产品不属于化妆品；必须配合器械设备等使用共同起作用的产品也不属于化妆品。

　　二是化妆品的使用部位，施用于皮肤、毛发、指甲、口唇等人体表面，这强调了只是使用于人体表面的皮肤、毛发、指甲、口唇等。

　　三是化妆品的使用目的，是清洁、保护、美化、修饰，这些使用目的显示化妆品是清洁、美化人的身体，增加魅力，修饰容貌，保持皮肤、毛发健美的日常消费品。

　　四是化妆品的定义，也规定了化妆品的属性为"日用化学工业产品"。化妆品面对广大普通人群，适合男女老少使用，且是与人体直接接触的日用化学工业产品，因为是需要每日都使用的日常生活用品，因此要求对人体的作用轻微、缓和，产品性能温和，不允许影响人体的结构、生理机理和功能，决不允许副作用存在，不得对施用部位产生明显刺激和损伤，必须使用安全。《化妆品安全技术规范》（2015 年版）规定，化妆品应经安全性风险评估，确保在正常、合理及可预见的使用条件下，不得对人体健康产生危害。化妆品的安全性至关重要。

2. 特殊化妆品 《化妆品监督管理条例》（2021 年）规定："用于染发、烫发、祛斑美白、防晒、防脱发的化妆品以及宣称新功效的化妆品为特殊化妆品。特殊化妆品以外的化妆品为普通化妆品。"新功效的化妆品是指国家药品监督管理局《化妆品分类规则和分类目录》中不符合功效宣称分类目录、使用人群分类目录、使用方法分类目录中规定的，以及宣称孕妇和哺乳期妇女适用的产品。

我国的化妆品分为特殊化妆品和普通化妆品。国家对特殊化妆品实行注册管理，对普通化妆品实行备案管理。无论是普通化妆品，或是特殊化妆品都不同于药品。化妆品包括特殊化妆品的使用对象是健康人群，不具备药品的治疗和预防功效；药品使用对象是患者，主要用于预防、治疗疾病，为了治病这一目标，难免有副作用。特殊化妆品的使用目的与普通化妆品一样是"清洁、保护、美化、修饰"，绝不允许副作用存在，只不过特殊化妆品的安全风险相对较大，需实行注册管理。

3. 植物化妆品 主要是由含植物源成分的各种原料，经配方加工混合，不需要经过化学反应（除特殊要求外）而制成的一种复杂的混合物。植物化妆品没有明确的定义，顾名思义，在符合化妆品定义的基础上，或添加了相当比例的植物组分，或添加的植物组分在产品中起到相应的作用。

植物化妆品不等同于药妆，我国在法规层面不存在"中药化妆品"或"药妆"的概念。《化妆品监督管理条例》第二十七条规定，化妆品标签禁止标注"明示或者暗示具有医疗作用的内容"；《化妆品标签管理办法》第二十一条规定，化妆品标签禁止标注或者宣称"使用医疗术语、医学名人的姓名、描述医疗作用和效果的词语或已经批准的药品名明示或者暗示产品具有医疗作用"；植物化妆品也不例外。植物化妆品使用目的同样在于对人体表面进行清洁、保护和美化，给人们以容貌整洁、讲究卫生的好感，而不是为了达到类似于药品的影响人体构造和机能的目的；其高度的安全性是首要特性，对人体的作用必须缓和、安全、无毒、无副作用，而药品首要条件是有效性，允许有一定的副作用。植物化妆品中的有效成分，药理学上有时是无效成分；植物源性成分在化妆品和药品中的功效作用往往不同，如灵芝多糖在化妆品中常常发挥保湿、抗皮肤衰老的作用，而药品中多用于提高免疫力等。因此，含中药提取物成分的植物化妆品，不能称中药化妆品。

4. 天然化妆品 指使用动物、植物或矿物提取物及其他化妆品原料研制而成的化妆品。天然化妆品需要符合以下几点：以天然来源原料（植物类为主）作为功效性成分；具有与此相关的功效宣称；符合化妆品相关技术要求。以合成成分作为功效性成分的化妆品则不属于天然化妆品。化妆品宣称用语禁止使用虚假性词意，如化妆品中只添加部分天然产物成分，但宣称产品为"纯天然"的，属虚假性词意。美国相关天然化妆品法案规定，天然化妆品必须含有 ≥ 70% 的天然物质，我国尚无相关法规规定。由于现有天然化妆品宣称往往以植物原料成分为主，动物和矿物原料相对较少，因此狭义上讲天然化妆品常指植物化妆品。

二、分类

植物化妆品属于化妆品中的一个应用分支，因此其分类符合化妆品分类特点。化妆品的种类繁多，《国家药监局关于发布〈化妆品分类规则和分类目录〉的公告》（2021年第49号）中以法规规章规定了分类目录，包括功效宣称分类目录、作用部位分类目录、使用人群分类目录、产品剂型分类目录和使用方法分类目录。在开展研发与实际生产中一般常以肤用化妆品、毛发化妆品、口唇化妆品及其他分类，本书第五章也参照此分类论述。

1. 功效宣称分类目录

（1）染发 以改变头发颜色为目的，使用后即时清洗不能恢复头发原有颜色。

（2）烫发 用于改变头发弯曲度（弯曲或拉直），并维持在相对稳定的状态（注：清洗后即恢复头发原有形态的产品，不属于此类）。

（3）祛斑美白 有助于减轻或减缓皮肤色素沉着，达到皮肤美白增白效果；通过物理遮盖形式达到皮肤美白增白效果（注：含改善因色素沉积导致痘印的产品）。

（4）防晒 用于保护皮肤、口唇免受特定紫外线所带来的损伤（注：婴幼儿和儿童的防晒化妆品作用部位仅限皮肤）。

（5）防脱发 有助于改善或减少头发脱落（注：调节激素影响的产品，促进生发作用的产品，不属于化妆品）。

（6）祛痘 有助于减少或减缓粉刺（含黑头或白头）的发生；有助于粉刺发生后皮肤的恢复［注：调节激素影响的、杀（抗、抑）菌的和消炎的产品，不属于化妆品］。

（7）滋养 有助于为施用部位提供滋养作用（注：通过其他功效间接达到滋养作用的产品，不属于此类）。

（8）修护 有助于维护施用部位保持正常状态（注：用于疤痕、烫伤、烧伤、破损等损伤部位的产品，不属于化妆品）。

（9）清洁 用于除去施用部位表面的污垢及附着物。

（10）卸妆 用于除去施用部位的彩妆等其他化妆品。

（11）保湿 用于补充或增强施用部位水分、油脂等成分含量；有助于保持施用部位水分含量或减少水分流失。

（12）美容修饰 用于暂时改变施用部位外观状态，达到美化、修饰等作用，清洁卸妆后可恢复原状［注：人造指甲或固体装饰物类等产品（如假睫毛等），不属于化妆品］。

（13）芳香 具有芳香成分，有助于修饰体味，可增加香味。

（14）除臭 有助于减轻或遮盖体臭（注：单纯通过抑制微生物生长达到除臭目的的产品，不属于化妆品）。

（15）抗皱 有助于减缓皮肤皱纹产生或使皱纹变得不明显。

（16）紧致　有助于保持皮肤的紧实度、弹性。

（17）舒缓　有助于改善皮肤刺激等状态。

（18）控油　有助于减缓施用部位皮脂分泌和沉积，或使施用部位出油现象不明显。

（19）去角质　有助于促进皮肤角质的脱落或促进角质更新。

（20）爽身　有助于保持皮肤干爽或增强皮肤清凉感（注：针对病理性多汗的产品，不属于化妆品）。

（21）护发　有助于改善头发、胡须的梳理性，防止静电，保持或增强毛发的光泽。

（22）防断发　有助于改善或减少头发断裂、分叉；有助于保持或增强头发韧性。

（23）去屑　有助于减缓头屑的产生；有助于减少附着于头皮、头发的头屑。

（24）发色护理　有助于在染发前后保持头发颜色的稳定（注：为改变头发颜色的产品，不属于此类）。

（25）脱毛　用于减少或除去体毛。

（26）辅助剃须剃毛　用于软化、膨胀须发，有助于剃须剃毛时皮肤润滑（注：剃须、剃毛工具不属于化妆品）。

（27）新功效　不符合以上规则的。

2. 作用部位分类目录

（1）头发（注：染发、烫发产品仅能对应此作用部位；防晒产品不能对应此作用部位）。

（2）体毛：不包括头面部毛发。

（3）躯干部位：不包含头面部、手、足。

（4）头部：不包含面部。

（5）面部：不包含口唇、眼部（注：脱毛产品不能对应此作用部位）。

（6）眼部：包含眼周皮肤、睫毛、眉毛（注：脱毛产品不能对应此作用部位）。

（7）口唇（注：祛斑美白、脱毛产品不能对应此作用部位）。

（8）手、足（注：除臭产品不能对应此作用部位）。

（9）全身皮肤：不包含口唇、眼部。

（10）指（趾）甲。

（11）新功效：不符合以上规则的。

3. 使用人群分类目录

（1）婴幼儿（0～3周岁，含3周岁）　功效宣称仅限于清洁、保湿、护发、防晒、舒缓、爽身。

（2）儿童（3～12周岁，含12周岁）　功效宣称仅限于清洁、卸妆、保湿、美容修饰、芳香、护发、防晒、修护、舒缓、爽身。

（3）普通人群　不限定使用人群。

（4）新功效　不符合以上规则的产品；宣称孕妇和哺乳期妇女适用的产品。

4. 产品剂型分类目录

（1）膏霜乳　膏、霜、蜜、脂、乳、乳液、奶、奶液等。

（2）液体　露、液、水、油、油水分离等。

（3）凝胶　啫喱、胶等。

（4）粉剂　散粉、颗粒等。

（5）块状　块状粉、大块固体等。

（6）泥　泥状固体等。

（7）蜡基　以蜡为主要基料的。

（8）喷雾剂　不含推进剂。

（9）气雾剂　含推进剂。

（10）贴、膜、含基材　贴、膜、含配合化妆品使用的基材的。

（11）冻干　冻干粉、冻干片等。

（12）其他　不属于以上范围的。

5. 使用方法分类目录

（1）淋洗。

（2）驻留。

三、特性

植物化妆品属于化妆品的分支，它与化妆品有共同的体系和质量特性，故此处主要论述化妆品特性。化妆品应具备的安全性、稳定性、使用性、功效性是化妆品四大质量特征。

1. 高度的安全性　化妆品的安全性是指化妆品不得对施用部位产生明显刺激或致敏，且无感染性。化妆品是与人类密切接触的日常生活必需品，由于其使用的频率很高，比外用药品对人体的影响更为持久，因此其对人体的安全性当为首要特性。化妆品是由多种成分组成的，各组分原料的安全性在很大程度上决定了最终产品的安全性，特别对新开发的产品或添加的新成分，必须经过安全性评价认定后方可使用，应符合《化妆品安全技术规范》的规定，保证产品的安全性。

2. 相对的稳定性　化妆品的稳定性是指在保质期内（拆封使用后保质期会缩短），即使在气候炎热和寒冷的环境中，化妆品也能保持原有的性质，其香气、颜色、形态等均无变化。由于化妆品大都属胶体分散体系，通常是将某些组分以极小的微粒（液、固体）分散在另一介质中，形成一种多相分散体系。其主要特征是多相不均匀性、组成的不确定性、多分散的结构和有聚结倾向的不稳定性。因此尽管体系存在乳化稳定剂，但它本质上是热力学不稳定的系统，即胶体系统只能获得暂时的稳定，所以化妆品的稳定性是相对的。对一般化妆品来说，要求其具有 2 ～ 3 年的稳定期限。

3. 良好的使用性　化妆品的使用性是指在使用过程中的感觉如"润滑""黏性""弹性""发泡性"等。由于不同消费者对化妆品产品的使用目的和感觉要求也不尽相同，因此，不同年龄、不同肤质的消费者在不同季节应选择适合自己的化妆品。不但是产品本身，产品包装容器形状、外观设计、携带的便捷性也体现化妆品的使用需求。

4. 一定的功效性　化妆品的功效性是指产品的功能和使用效果。现代化妆品集洁肤、护肤、养肤、美肤于一身，特别是各种强化功效的化妆品均有特定的功能要求。功效化妆品是根据皮肤组织的生理需要和病理的改变，选择添加具有相应功效的物质，使产品兼具美容效果和保健效用。在确保产品安全性基础上，在研发过程中应充分挖掘其功效性，充分满足消费者对产品的功效需求。但同时国家药监局《化妆品分类规则和分类目录》中对功效的释义说明和宣称指引多为"有助于"，体现了化妆品功效的程度。

第二节　植物化妆品的发展

一、发展历史

植物化妆品的发展有着悠久的历史，东方的埃及和中国，西方的罗马和匈牙利等国从公元前就先后开始使用植物化妆品。这些国家的化妆品生产和使用各具特色，为后来世界化妆品工业体系的形成和发展奠定了基础。

（一）国外的发展概况

大约在公元前 5 世纪，古埃及的许多宗教仪式上就已经采用了"香膏"。到了埃及女王克娄巴特拉时期，当地人民使用植物化妆品就已经很普遍。女王为了使自己的皮肤保持细嫩，用驴乳沐浴，人们也已经懂得使用散沫花染涂指甲、手掌和脚趾。

古老的化妆品制造家罗马人夫拉恩伯尼，最先用鸢尾根末和微量的麝香或灵猫香配制而成一种香粉。类似这种古老的香粉在欧洲市场上至今仍有出售，商品名为夫拉恩伯尼香粉。后来，大拉恩伯尼的后代美路科又把这种香粉用乙醇浸泡，提取出带香味的溶液，当时被称为"夫拉恩伯尼香水"。

12 世纪，阿拉伯人已经懂得采用蒸馏方式制取香料，这是化妆品工业的又一大进步。

1370 年，匈牙利开始用酒精、香料调制酒精香水。匈牙利是酒精香水生产最早的国家，这种香水至今仍享盛名。

13～16 世纪欧洲文艺复兴时期，随着文化的繁荣，化妆品开始从医药中分离出来。17～19 世纪，由于合成染料开始发展，香料工业也在不断地进步。到 19 世纪末，现代化妆品生产发展成独立的工业部门。

从化学制品被使用后，化学药品的毒性、刺激性和过敏性也接踵而至，人们重新开始追求自然无毒、无污染的产品。天然植物的副作用小，安全性高，且又具有多方面的功效，在天然成分这一趋势的带动下，直接采用天然原料的化妆品越来越多。目前在欧美国家，植物功效化妆品的市场份额占整个化妆品市场的 60% 以上。

（二）我国的发展概况

我国是文明古国，化妆品的生产和使用有着悠久的历史。早在商周时期，甲骨文已出现"沫"字，字形像一个人在散发洗脸，"沫，洗面也"，这可以说是美容的开端。在远古时期，我国的妇女就已经懂得"妆粉"和"美容"了。张华《博物志》记载了"封烧铅锡作粉"；古籍《汉书》有画眉之说；《齐民要术》中介绍了丁香香粉；《中华古今论》云："胭脂起于纣，以红蓝花凝作之，涂之作桃红妆。"可见我国早在春秋战国前，封建帝王的宫闱中，嫔妃们就采用花英铅质，调脂搓粉，争煊容颜。用凤仙花染指甲、用青黛描眉、用动物油护肤，是最早把天然动植物用于化妆的标志。

虽然我国记载的美容药物和方剂很多，但由于长期在封建势力的统治下，生产十分落后，化妆品的生产长期处于小作坊式状态。化妆品的花色品种虽有变迁，但种类仍很少。鸦片战争以后，洋货充斥市场，我国自制的化妆品由于生产条件落后，无法与洋货抗衡，直到1905年香港广生行才创立了我国第一家用机器生产的化妆品工厂，出品有"双妹"牌花露水、雪花膏和香粉。之后上海创立了中国化学工业社，生产"三星"牌花露水、雪花膏等品种。

民国时期，化妆品以投资少、技术含量不高、见效快等优点，吸引了大批投资者，并迅速地发展起来。如叶钟廷先生在上海创办的永和实业有限公司，以国货抵制洋货，商业信誉卓越，使其"月里嫦娥"牌成为中国知名国货化妆品品牌，出品有雪花膏、牙粉、牙膏、香粉、头油、花露水等几十类品种，其发展迅猛，影响深远，人们对其品质赞不绝口。除此之外，五洲大药房的"五洲"牌、家庭工业社的"无敌"牌、广生行的"双妹"牌等均是当时市场上赫赫有名的化妆品品牌。到了1939年，仅上海地区，化妆品类工厂不下七八十家，化妆品工业如雨后春笋一般迅速发展。

中华人民共和国成立后，特别是改革开放以来，中国逐渐成为全球第二大化妆品消费市场，仅次于美国，且增长速度快于全球平均值。2016年以来，随着网络电商的普及，我国化妆品行业盈利进入了快速增长期。2015年至2019年，我国化妆品类零售总额规模自2049亿元增长至2992亿元，年平均复合增长率达到9.9%。2019年中国化妆品实际市场规模5430亿元（含代购和免税），2020年疫情影响下，我国化妆品零售仍持续增长。预计到2025年市场规模将扩大至约10000亿元，2019～2025年年均复合增速为11%，消费功能化更加多元化，产品种类和结构更加丰富，中国的巨大人口基础为未来化妆品可持续发展赋予动能。目前中国已成为全球最具潜力的化妆品市场之一，同时伴随着我国经济的快速和持续增长，化妆品行业也成为我国国民经济中发展最快的行业之一。

在快速增长的化妆品市场中，由于地区肤色、人种不同，或添加了有潜在安全风险的原料所出现的一些不良反应，也暴露了人们对于化妆品对人体健康危害的认知不足。在过去的几年中，随着"回归自然"风潮在全球范围内的兴起，国内许多化妆品生产企业开始对植物化妆品进行研究和开发，已有包括美白、防晒和抗皱等较多特殊功效作用的化妆品上市，在国内化妆品市场占有一定的市场份额并享有一定的知名度。

近年来，随着人们对化工原料与天然原料的认识不断加深，发现两者并不是天然对立的，化工原料只要把控好残留物或副产物，其安全性比天然原料可能更高，加上成本低、使用感好等特点，更受化妆品企业欢迎；相对而言，天然原料因为其成分复杂，产地、采收、提取加工等过程不确定因素较多，再加上溶剂残留、易腐化需加大量防腐剂等特点，均增加了天然原料的不安全性。因此目前不管消费者还是生产企业，在选择化妆品时更注重产品本身的安全性和有效性等性能需求，基于以上现状，植物化妆品市场较前几年反倒有所萎缩，但仍然是目前市场需求的主流。无论在市场占有率还是在知名度方面，天然植物功效化妆品，包括一些知名品牌，由于大多科技含量较低，缺乏市场竞争力，因而导致国内品牌在与国外知名品牌的天然植物化妆品的竞争中明显处于劣势。而在中国，尽管化妆品销售额数目庞大，但植物功效化妆品的市场份额依然很小，还存在着巨大的发展空间。据统计，我国中高端面部护肤品中宣称含有植物成分的产品近几年一直稳定在 75% 左右，而低端产品也逐步趋于一致。

气血理论、阴阳理论、五行理论、君臣佐使组方理论等都是中医药理论，如何秉承中国传统文化，融汇中医药传统理论与植物原料及化妆品的特性开发植物化妆品将会是提升产品品质内涵的一个重要方向。

二、发展趋势

随着人们对健康的追求日益高涨和皮肤医学的高速发展，开发具有更高安全性和有效性的护肤品已经成为不可抵挡的潮流。目前，植物化妆品领域的竞争愈加激烈，其发展在以下几个方面值得关注。

（一）随市场需要而变化

化妆品是一种与时俱进的日用化工产品，它与社会的需求密切相关，随社会的需要而变化。例如，近年来人们讲究美容，因此市场上出现了许多新型的植物化妆品，如防晒霜、美白祛斑霜以及普通化妆品类的保湿、修护等产品。由于化妆品属于流行产品，更新换代特别快，因此要不断创新，开发新品种、新配方、新剂型，从而提高产品的竞争能力，迎合消费者的心理，满足市场的需求。

（二）功效宣称更规范

在知名度方面，以往国内植物功效化妆品，包括一些知名品牌，由于产品大多科技含量较低，缺乏市场竞争力，因而在与国外知名品牌的天然植物化妆品竞争中明显处于"尴尬"地位。甚至有部分业内人士认为，国内市场销售的所谓"植物功效化妆品"，从某种意义上讲只是一种概念的炒作。如今消费者对产品品质要求更高，他们更关注化妆品的科技力量，更理性、更了解品牌的化妆品科技创新，能透过营销和成分表外衣，对配方结构、成分有效性有比较深入和专业的认知。在该背景下，国家药监局 2021 年发布实施的《化妆品功效宣称评价规范》规定，在中华人民共和国境内生产销售的化妆品，应当按照本规范进行功效宣称评价，杜绝使用虚假、夸大、绝对化的词语进行虚假或者引人误解的描述等。化妆品功效宣称要求越来越规范，对不同化妆品功效一般需要符合具有确切证据才能进行相关功效宣称，进一步规范了化妆品市场秩序。

（三）生产趋于自动化

目前，化妆品的生产和测试已经实现机械化或自动化。从植物有效成分的提取分离到植物化妆品的制备生产，从植物化妆品的定量包装到质量检测，均实现了生产流水线机械自动化，检测设备精密微量化。化妆品生产时采用超声波乳化机，在分析化妆品时采用色谱分析法、质谱分析法、核磁共振法等。这种自动化的生产线与精密的分析方法节省了劳动力，提高了生产效率，保证了产品质量。

（四）新技术提升化妆品品质

目前，中国化妆品市场进入快速发展阶段，重心已逐步转移到科研技术上来，对整个产业科技实力的要求逐步提高。比起早期的关注化妆品品牌的知名度，如今消费者更关注产品本身的品质。在高品质成为化妆品消费核心驱动力的当下，科技实力成为化妆品企业的立身之本，更是企业的核心竞争力。新技术的应用为高端化妆品的产品研发创新提供了更多的可能性。"科技力量"已成为中国化妆品产业的关键词，目前创新技术已经覆盖了化妆品的新原料制备、化妆品制剂成型等全过程。

1. 超细粉碎技术　对某些植物进行超细粉碎，有利于发挥有效成分在化妆品中的功效。将原植物粉碎成超细粒径，使细胞内的活性成分等直接暴露出来，活性成分的溶出不必经过浸提过程，而是溶解、胶溶或洗脱过程；对于矿物类药材、某些难溶性化学物质经超细或超微粉碎处理，可提高细度，增大其比表面积，使溶解速率增大，从而提高得率。

2. 新型提取法

（1）超临界流体萃取法（简称 SFE 法）　是 20 世纪 80 年代发展应用的一种集萃取、分离于一体的分离技术，是以 CO_2 为超临界流体的超临界二氧化碳流体萃取技术（$SFE-CO_2$）。该法效率高、速度快、选择性好、无残留溶剂。比如，植物性天然香料可以通过水蒸气蒸馏法、压榨法、浸提法、吸收法获得，但这些方法存在效率低、收率低等不足，而采用 $SEF-CO_2$ 则可解决这些问题。

（2）超声波提取法　是利用超声波的空化作用、机械作用、热效应等增大物质分子运动频率和速度，增加溶剂穿透力，从而提高植物有效成分浸出率的方法。它具有省时、节能、提取效率高等优点，是一种快速、高效的提取新方法。

（3）微波辅助提取法　基于离子传导和偶极子旋转机制，微波通过与极性分子（水分子或药材中化合物分子）相互作用而产热。在微波辅助提取法中，热量传递和质量传递的方向是一致的，这两种作用同时加速了提取过程，从而提高提取效率。

（4）酶辅助提取法　是利用植物当中的纤维素酶、蛋白酶等破坏植物的细胞，从而达到提取的目的。由于酶对细胞壁和细胞膜成分以及细胞内大分子的水解作用可促进天然产物的释放，因此利用酶可辅助提高提取效率。

3. 分离纯化技术

（1）膜分离法　是根据体系中分子的大小与形状，通过膜孔的筛分作用进行分离的技术。对植物提取液进行超滤法处理，能除去杂质、微粒，提高澄清度，保留有效成分，从而提高化妆品植物源成分的质量。

（2）高速离心法 是通过离心机的高速运转，使离心加速度大大超过重力加速度，从而使提取液中杂质加速沉淀，得到澄清提取液的一种方法。它具有省时、省力、提取液澄清度好、有效成分损失少等优点。

（3）吸附柱色谱法 是根据天然产物对表面吸附剂亲和度的不同而进行分离的方法。由于其操作简单、容量大、成本低等优点，被广泛应用于天然产物的分离，特别是在分离的初期阶段。常用的吸附剂有硅胶、氧化铝、聚酰胺、大孔树脂等。

（4）离子交换色谱 是基于化合物的净表面电荷差异进行分离的方法。一些天然产物，如生物碱和有机酸，其结构中含有能够电离的官能团，可以通过离子交换色谱进行分离。通过改变流动相的离子强度，如改变 pH 值或盐溶液的浓度，带电分子可以被离子交换树脂捕获和释放。

4. 包合技术

（1）β–环糊精包合 β–环糊精包合物是一种超微型载体，其原料是环糊精，化妆品中的植物活性成分被包裹或嵌入环糊精的筒状结构内形成超微粒分散物，因此可以提高成分的溶解度和稳定性，防止挥发性成分逸散等。在植物化妆品制备中，常用于包合挥发性成分。

（2）微型包囊 是利用天然的或合成的高分子材料将固体或液体成分包裹而成的 $1 \sim 5000\mu m$ 的微小胶囊。化妆品中的植物提取物或其他物质微囊化后，可延长其功效，提高稳定性，掩盖不良气味等。

5. 纳米技术 纳米是一种几何尺度的量度单位，长度仅为 $10^{-9}m$，约等于四五个原子排列起来的长度。纳米技术是指制造体积不超过数百个纳米的物体，其宽度只有几十个原子聚集在一起的宽度。采用纳米技术研制的化妆品，其独到之处在于它能将化妆品中最具功效的成分特殊处理成纳米级的微小结构，渗透到皮肤内层，事半功倍地发挥护肤、疗肤效果。形象地说，纳米化妆品就是将对皮肤起作用的膏体成分尽量处理成细小的"沙粒"，轻而易举地透过皮肤上的"筛孔"，进入真皮层，从而被吸收。

第二章　皮肤解剖与生理功能 ▷▷▷▷

　　植物化妆品开发是指针对不同皮肤存在的美容问题进行机理分析，明确引起的原因及产生的原理，从而提出健康护理方案，根据该方案寻找合适的包括植物组分在内的功效成分，通过科学配伍制备得到化妆品，同时进行产品安全功效等评价，以保证产品质量符合法规要求。因此，在设计开发植物化妆品过程中，充分了解皮肤的结构、功能及常见皮肤美容问题的病理原因，有助于为设计开发出符合皮肤需求的植物化妆品并为精准护肤提供科学支持。比如，针对皮肤出现干燥等美容问题时，首先要知道产生这个问题的机理主要是因为皮肤角质层含水量过低引起的，当角质层含水量低于10%时，皮肤就会出现紧绷、发痒、起皮等干燥现象。而了解这一美容机理的前提是必须先掌握皮肤的结构和功能，角质层隶属于皮肤的哪层结构及功能，为什么缺水皮肤会出现干燥现象等。因此，了解皮肤的结构与生理功能对理解化妆品的研发和配方组成十分必要。

　　本章主要阐述了皮肤的解剖结构与生理功能、皮肤的类型、决定皮肤颜色的因素以及皮肤老化的因素。

第一节　皮肤的解剖结构

　　皮肤是人体最大的器官，其重量约占个体体重的16%。皮肤位于人体的表面，是人体的第一道防线。皮肤的厚度随年龄、性别、部位不同而异，约为0.5～4mm。眼睑、乳部和外阴等处皮肤最薄；枕后、项背、臀及掌跖处皮肤最厚。表皮的厚度为0.04～1.6mm，平均为0.1mm，眼睑处最薄，掌跖处最厚。真皮厚度是表皮的15～40倍，为1～4mm，脸部最薄，股部最厚。总体来说，成人皮肤厚于儿童，男性皮肤厚于女性。

　　皮肤表面有很多皮沟、皮嵴和皱襞，形成体表的皮纹。皮纹在手掌和指的掌侧叫指纹，它在人体身份识别和医学遗传学方面具有重要意义。体表的皮纹方向与真皮结缔组织的纤维束和皮肤张力有关，在临床上具有极其重要的价值。皮嵴上面常见小孔，为汗腺导管开口的汗孔，汗腺分泌汗液，参与机体的体温调节。

　　大部分皮肤表面可见毛发，如长的头发，短的眉毛、睫毛、胡须、腋毛、阴毛以及大部分光滑皮肤表面的毳毛。皮脂腺和毛囊共同开口于皮肤表面毛发长出的毛孔处。皮脂腺分泌皮脂于皮肤表面和毛干上。在手指和足趾末端还可见指（趾）甲。在鼻部、腋窝、脐窝、腹股沟、外阴和肛周还分布着顶泌汗腺，即大汗腺。毛发、毛囊、皮脂腺、汗腺和指（趾）甲同属皮肤附属器。

皮肤从外到内可分为表皮、真皮和皮下组织三层（图 2-1）。表皮主要由三种基本的细胞组成，即角质形成细胞、黑素细胞和朗格汉斯细胞，无血管和淋巴管。在真皮和皮下组织里有结缔组织、血管、淋巴管、神经、肌肉以及皮肤附属器（汗腺、皮脂腺和毛囊）结构。

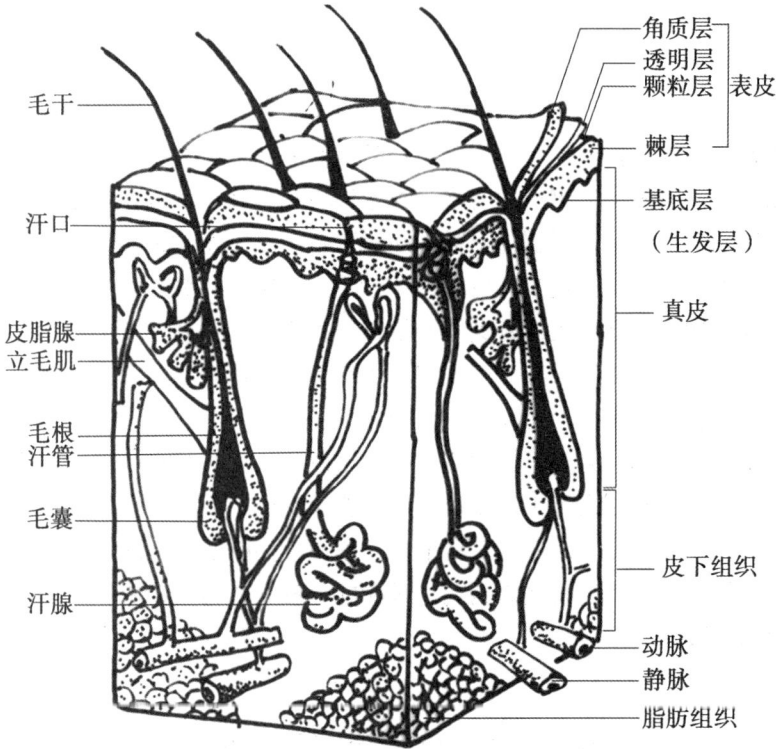

图 2-1　皮肤的细微结构

一、表皮

表皮属复层鳞状上皮，主要由角质形成细胞构成。其他细胞，如朗格汉斯细胞（Langerhans cells）、梅克尔细胞（Merkel cells）和黑素细胞也参与其中。

（一）角质形成细胞

角质形成细胞属上皮细胞，在其分化过程中形成具有保护作用的角蛋白。角质形成细胞是表皮的主要细胞，占表皮细胞的 80% 以上。角质形成细胞之间有一定间隙，可见细胞间桥，即电镜下所见的桥粒。根据角质形成细胞分化的不同特点，表皮的角质形成细胞由内向外依次分为基底层、棘层、颗粒层、透明层和角质层。基底层借助基底膜带与真皮连接。

1. 基底层　位于表皮的最下层，为一层排列整齐如栅栏状的柱状或立方状的基底细胞。

2. 棘层　位于基底层上方，一般由 4 ~ 8 层细胞组成。细胞呈多角形，越向表层推移，细胞形态越扁平。每个细胞均有较多的胞质突，称为棘突，故此层细胞称为棘细胞。

3. 颗粒层 位于棘层之上，通常由 2～4 层扁平或梭形细胞组成，细胞质内充满粗大、深嗜碱性的透明角质颗粒。正常皮肤颗粒层的厚度与角质层的厚度成正比，因此，在角质层较厚的掌跖部位，颗粒层细胞可多达 10 层。

4. 透明层 仅见于掌跖等角质层较厚的表皮，是一层位于颗粒层上方、角质层下方的 2～3 层扁平、境界不清、无核、嗜酸性、紧密相连的细胞，是防止水及电解质通过的屏障。

5. 角质层 角质层细胞已不含细胞核，细胞器也几乎消失，由 5～10 层已经死亡的细胞组成。

桥粒和半桥粒是角质形成细胞间及与基底膜带相连接的主要结构。用过碘酸 – 雪夫染色法（periodic acid–schiff stain，简称 PAS）染色时，在表皮和真皮连接处可见 0.5～1μm 厚的、均匀一致的紫红色带，称之为表皮下基底膜带。此带在苏木精 – 伊红（hematoxylin–eosin staining，简称 HE）染色切片中看不到。基底膜带除连接真表皮外，还具有渗透和屏障作用。表皮内无血管，营养物质可通过此带进入表皮，代谢产物可通过此带进入真皮，但可限制分子量大于 40000 的大分子通过。当基底膜带损伤时，炎症细胞、肿瘤细胞和一些大分子可通过此带进入表皮。

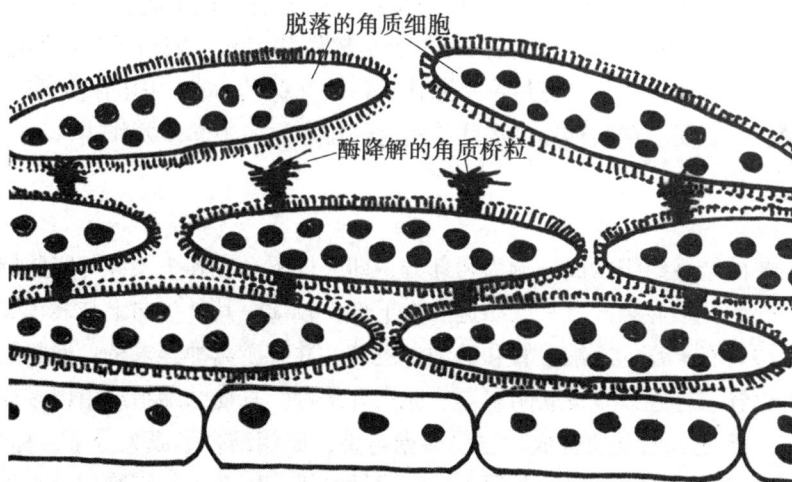

图 2-2　表皮角质层结构

（二）表皮内的树状突细胞

正常表皮内除角质形成细胞外，还有一组树状突细胞，包括黑素细胞、朗格汉斯细胞和梅克尔细胞。

1. 黑素细胞 主要位于表皮的基底层，约占基底层细胞的 10%。在 HE 染色切片中，黑素细胞的胞质透明，胞核较小，故又称透明细胞。银染色及多巴（DOPA）染色显示黑素细胞有较多的树枝状突起，伸向邻近的基底细胞和棘细胞。每一个黑素细胞借助树枝状突起可与 10 ～ 36 个角质形成细胞接触，向它们输送黑素颗粒，形成表皮黑素单元（图 2-3）。

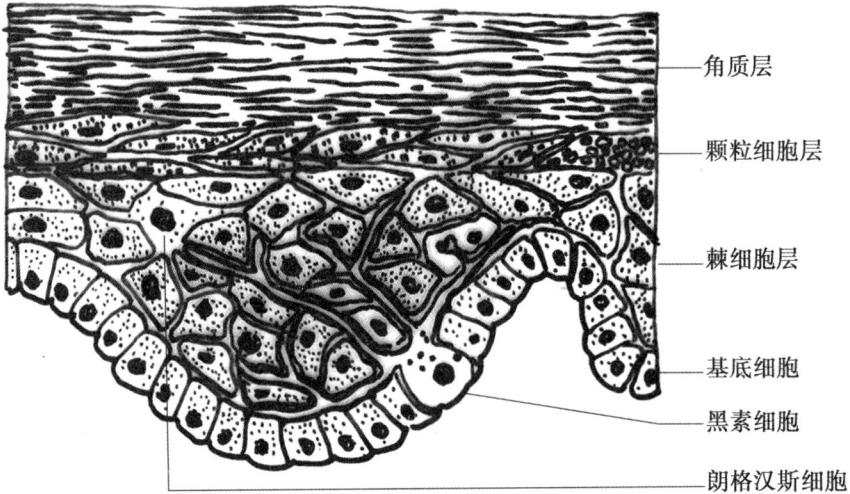

图 2-3　表皮黑素细胞及黑素单元

2. 朗格汉斯细胞　是一种来源于骨髓及脾脏的免疫活性细胞，主要存在于表皮中部，占表皮细胞的 3% ～ 5%。朗格汉斯细胞呈树枝状突起。朗格汉斯细胞能摄取外界物质并有吞噬及吞饮作用，具有抗原呈递作用，故又称其为表皮内的抗原呈递细胞，在皮肤的接触性变态反应和同种异体皮肤移植时的排斥反应中起重要作用。

二、真皮

真皮主要由结缔组织构成，分为两部分，即表皮下真皮乳头层和与脂肪层连接的网状层，两层间无截然界限。乳头层靠近表皮下部，较薄，其乳头向上与表皮突犬牙交错相连，乳头层内有丰富的毛细血管和毛细淋巴管，并有游离神经末梢；网状层内含较大的血管、淋巴管、神经以及皮肤附属器、肌肉等结构。真皮结缔组织由以多糖类（氨基葡聚糖）为主要成分的基质构成，这些多糖与蛋白质相结合形成大分子，称蛋白多糖。在这种多糖构成的基质中，富含胶原蛋白和弹性纤维，以及一些细胞成分，如成纤维细胞、肥大细胞，还有构成皮肤神经血管网的其他细胞。

1. 胶原纤维　是真皮结缔组织的主要成分，在真皮内均结合成束，各部位的胶原束粗细不等，在乳头层内的胶原束不但最细，而且无一定的方向。真皮的中、下部胶原纤维较粗，呈束状，且走向几乎与皮面平行。胶原纤维韧性大，抗拉力强，但缺乏弹性。

2. 网状纤维　主要分布在乳头层、皮肤附属器、血管和神经周围等处。

3. 弹性纤维　也较细，在 HE 染色切片中可见其呈波浪状缠绕在胶原束之间。弹性纤维使皮肤具有弹性，拉长后可恢复原状。

4. 基质　是一种无定形均质状物质，充填于纤维和细胞之间，主要化学成分为蛋白多糖、水、电解质等。蛋白多糖主要包括透明质酸、硫酸软骨素 B、硫酸软骨素 C 等，使基质形成具有许多微孔隙的分子筛立体构型。小于这些孔隙的物质，如水、电解质、营养物质和代谢产物等可自由通过进行物质交换；大于孔隙者，如细菌等则不能通过，被限制于局部，有利于吞噬细胞吞噬。

细胞真皮结缔组织间可见成纤维细胞、肥大细胞、巨噬细胞、淋巴细胞、其他白细胞，以及朗格汉斯细胞、真皮树突细胞、噬黑素细胞等。成纤维细胞产生多种纤维和基质，也有人认为肥大细胞与基质的形成有关。

三、皮下组织

真皮下方为皮下组织，又称皮下脂肪层或脂膜。其结缔组织纤维皆自真皮下部延续而来，与真皮无明显界限，其下方与肌膜等组织相连。皮下组织由疏松结缔组织及脂肪小叶组成，其厚薄因身体不同部位及营养状况而异。

四、皮肤附属器

皮肤附属器由表皮衍生而来，包括毛发、毛囊、皮脂腺、小汗腺、顶泌汗腺及指（趾）甲等。

（一）毛发与毛囊

1. 毛发 由角化的上皮细胞构成，分为长毛、短毛及毳毛。长毛，如头发、胡须、阴毛及腋毛等；短毛，如眉毛、睫毛、鼻毛及外耳道的短毛；毳毛细软、色淡、无髓，分布于面、颈、躯干及四肢。指（趾）末节伸侧、掌跖、乳头、唇红、龟头及阴蒂等处无毛。不同部位的毛发长短不同，是它们的生长期、退行期及休止期的时间长短不同所致，毛发的生长受多种因素（遗传、健康、营养、激素）影响，毛发与皮肤成一定的倾斜角度。在毛囊的稍下段有立毛肌，属平滑肌，受交感神经支配。

毛发露出皮面以上部分为毛干；在毛囊内的部分称毛根；毛根下端略膨大，为毛球。毛孔头位于毛球下端向内的凹入部分，相当于真皮乳头，含有结缔组织、神经末梢及毛细血管，为毛球提供营养。毛球下层靠近乳头处称为毛基质，是毛发及毛囊的生长区，相当于真皮基底层及棘层，并有黑素细胞。

2. 毛囊 是表皮细胞连续形成的袋样上皮。毛囊在其成熟过程中在其下侧形成三个隆起，最上端的一个形成顶泌汗腺，但仅仅限于某些区域；中间的一个形成皮脂腺；最下面的一个形成立毛肌的附着处。立毛肌起源于真皮上部，而止于毛囊最下面的隆突，当遇到冷和情绪紧张时，立毛肌发生收缩，引起毛发垂直竖起，毛囊周围像鹅皮一样隆起。

毛囊的下部末端膨大形成毛球，呈卵圆形的毛乳头由富于血管和神经的结缔组织构成并突入毛球的底部内。毛母质细胞为一群未分化的细胞，能产生毛发和内根鞘。毛母质细胞具有大的泡状核和深嗜碱性的胞浆。在毛母质的基底细胞之间可见黑素细胞。

纵切面上，毛囊可以分为三个部分，最上面的部分称为毛囊漏斗部，是从毛囊的开口到皮脂腺导管的入口；中部称为峡部，是从皮脂腺导管的入口到立毛肌附着处；下部是从立毛肌的附着处到毛囊底部。毛囊从内到外由内毛根鞘、外毛根鞘及结缔组织鞘组成。

（二）皮脂腺

皮脂腺是一种全浆分泌腺，没有腺腔，整个细胞破裂即成为分泌物。皮脂腺存在于掌、跖和指（趾）屈侧以外的全身皮肤。头、面及胸背上部等处皮脂腺较多，称皮脂溢出部位。皮脂腺通常开口于毛囊上部，位于立毛肌和毛囊的夹角之间。立毛肌收缩可促进皮脂的排泄。乳晕、口腔黏膜、唇红、小阴唇、包皮内侧等处的皮脂腺单独开口于皮肤。

（三）外泌汗腺

外泌汗腺又称小汗腺，有分泌汗液和调节体温的作用。除唇红、包皮内侧、龟头、小阴唇及阴蒂外，小汗腺遍布全身。小汗腺可分为腺体和汗管两部分。

（四）顶泌汗腺

顶泌汗腺以往称为大汗腺，是较大的管状腺，其分泌部分在皮下脂肪层中，腺腔直径约为小汗腺腺腔的 10 倍，也由腺体和导管组成。顶泌汗腺主要分布于腋窝、乳晕、脐窝、肛门及外阴等处。外耳道的耵聍腺、眼睑的变态汗腺（Moll 腺）和乳腺属变异的顶泌汗腺。顶泌汗腺的分泌活动主要受性激素影响，于青春期分泌旺盛。新鲜的顶泌汗腺分泌物为无臭的乳状液，排出后被某些细菌，如类白喉杆菌分解，产生有臭味的物质。

（五）甲

甲由多层紧密的角化细胞构成，外露部分称为甲板，伸入近端皮肤的部分称为甲根。覆盖甲板周围的皮肤称为甲廓，甲板之下的皮肤称为甲床。甲根之下的上皮生发层细胞称为甲母，是甲的生长区。甲板近端可见新月状淡色区，称为甲半月，这是甲母细胞层较厚所致。指甲生长速度每日约 0.1mm，趾甲生长速度为指甲的 1/3 ～ 1/2。疾病、营养状况、环境及生活习惯等因素的改变可使当时所产生的指（趾）甲发生凹沟或不平。

第二节　皮肤的生理功能

皮肤是人体最大的器官。皮肤是人体抵御外界有害物质侵入的第一道防线，具有多种功能，包括阻止微生物或有害化学物质进入、吸收日光中的辐射、防止水分的流失、调节体温和对抗机械外力等作用。皮肤具有重要的免疫功能，这依赖于表皮层和真皮层的细胞成分。此外，皮肤中有几种不同类型的感受器，能够感受触觉、痛觉、震颤、压力、冷热和瘙痒等刺激。

一、皮肤的屏障作用

皮肤保护人体免受伤害，并防止体液流失以及外界液体的流入。人体正常皮肤有两方面屏障作用，一方面是防止组织内的各种营养物质、水分、电解质和其他物质流失；另一方面是保护机体内各种器官和组织免受外界环境中机械、物理、化学和生物性有害因素的侵袭。因此，皮肤在维持机体内环境的稳定方面起着重要的作用。

（一）对机械性损伤的防护

正常皮肤的表皮、真皮及皮下组织共同形成一个完整的整体，质地坚韧、柔软，具有一定的张力和弹性，对外界的各种机械性刺激，如摩擦、牵拉、挤压及冲撞等有一定的保护能力，并能迅速地恢复到正常状态。

（二）对物理性损伤的防护

角质层具有防止机械损伤的功能，对抗外界的压力主要依靠真皮的胶原纤维，皮下脂肪可对皮肤所受的冲击起缓冲作用。皮肤是电的不良导体，它对低电压电流有一定的阻抗能力，电阻值的高低和含水量的多少成反比。正常皮肤对光有吸收能力，大部分紫外线可被表皮吸收，故可保护体内器官和组织免受光的损伤。

（三）对化学性损伤的防护

正常皮肤对各种化学物质都有一定的屏障作用，主要依赖于角质层。皮肤有一定的中和酸、碱的能力。正常皮肤表面偏酸性，其 pH 值为 5.5～7.0，最低可到 4.0，对碱性物质具有一定的缓冲能力，被称为碱中和作用。而头部、前额及腹股沟处偏碱性，对 pH 值在 4.2～6.0 范围内的酸性物质也有相当的缓冲能力，被称为酸中和作用。

（四）对生物性损伤的防护

皮肤对各种致病微生物具有多方面防御能力。首先，角质层有良好的屏障作用，可防止直径 200nm 的细菌及直径 100nm 的病毒进入皮肤；其次，皮肤表面偏酸性，不利于寄生菌生长；最后，皮表某些游离脂肪酸对寄生菌的生长有抑制作用。

（五）防止体内营养物质的流失

正常皮肤除了汗腺、皮脂腺的分泌和排泄，角质层水分蒸发及脱屑外，一般营养物质及电解质等都不能透过皮肤角质层而流失，角质层的这种半通透膜特性起着很好的屏障作用。成人每天通过皮肤而丢失的水分为 240～480mL（不显性出汗），但如将角质层去掉，水分的流失比不显性出汗时增加 10 倍或以上。

二、皮肤的吸收功能

皮肤对许多不同的分子有着良好的通透性，具有吸收外界物质的能力，称为经皮吸收、渗透或透入。人体不同部位的皮肤，对物质的通透性也有所不同。脸部皮肤对外界物质的通透性较好，而手掌的皮肤却几乎没有什么通透性。经皮吸收也是现代皮肤科外用药物治疗皮肤病的理论基础。皮肤主要通过三种途径进行吸收：角质层（主要途径）、毛囊皮脂腺和汗管口。皮肤的吸收功能可受以下因素的影响。

（一）皮肤的结构和部位

皮肤的吸收能力与角质层的厚薄、完整性及其通透性有关，不同部位皮肤的角质层厚薄不同，因此，不同部位皮肤的吸收能力有很大差异，依次为阴囊＞前额＞下肢屈侧＞上臂屈侧＞前臂＞掌跖。

（二）角质层的水合程度

皮肤角质层的水合程度越高，皮肤的吸收能力就越强。药物外用后用塑料薄膜封包比外用的吸收系数高 100 倍，是因为封包阻止了局部汗液和水分的蒸发，使角质层水合程度提高。

（三）被吸收物质的理化性质

完整的皮肤只能吸收少量水分和微量气体，水溶性物质不易被吸收，而脂溶性物质则相对容易被吸收，油脂类物质也吸收良好。吸收强弱顺序为羊毛脂＞凡士林＞植物油＞液体石蜡。

物质分子量的大小与皮肤的吸收率之间无明显关系。一般而言，物质浓度与皮肤吸收率成正比。剂型对物质吸收亦有明显影响，同种物质剂型不同，皮肤的吸收率差距甚大。

（四）外界环境因素

环境温度升高可使皮肤血管扩张、血流速度加快，并能加快已透入组织内的物质弥散，从而使皮肤吸收能力提高。环境湿度也可影响皮肤对水分的吸收，当环境湿度增大时，角质层水合程度增加，使皮肤对水分的吸收减少。

三、皮肤的感觉功能

皮肤内广泛分布着感觉神经末梢和特殊感受器，可感知体内外各种刺激并通过神经通路引起相应的神经反射，从而维护机体的健康。

皮肤的感觉可分为两类：一类是单一感觉，皮肤内感觉神经末梢和特殊感受器感受体内外单一性刺激，转换成一定的动作电位并沿相应的神经纤维传入中枢，产生不同性质的感觉，如触觉、痛觉、压觉、冷觉和温觉；另一类是复合感觉，即皮肤中不同类型的感觉神经末梢或感受器共同感受的刺激传入中枢后，由大脑综合分析形成的感觉，如湿、糙、硬、软、光滑等。此外，皮肤还有形体觉、两点辨别觉和定位觉等。痒觉又称瘙痒，是一种引起搔抓欲望的不愉快的感觉，属于皮肤黏膜的一种特殊感觉，其产生机制尚不清楚。

四、皮肤的分泌和排泄功能

皮肤的分泌和排泄功能主要通过皮脂腺和汗腺来完成。

1. 小汗腺的分泌和排泄 小汗腺几乎遍布全身，其分布和部位与遗传有关。小汗腺的分泌可受体内外温度、精神因素和饮食的影响。当外界温度高于31℃时，显微镜下可见皮肤表面出现汗珠，称为不显性出汗。小汗腺的分泌在维持体内电解质平衡中起着相当重要的作用。另外，出汗可带走大量的热量，这对于人体适应高温环境极为重要。

2. 顶泌汗腺的分泌 在青春期后增强，并受情绪的影响，感情冲动时其分泌和排泄增加。新分泌的顶泌汗腺液是一种黏稠的奶样无味液体，细菌酵解可使之产生臭味。

3. 皮脂腺的分泌和排泄 皮脂腺是全浆分泌，即整个皮脂腺细胞破裂，胞内物全部排入管腔，进而分布于皮肤表面，形成皮脂膜。皮脂是多种脂类的混合物，其中主要含有角鲨烯、蜡脂、甘油三酯及胆固醇。皮脂腺的分泌受各种激素（如雄激素、孕激素、雌激素、肾上腺糖皮质激素、垂体激素等）的调节。此外，表皮损伤也可使损伤处的皮脂腺停止分泌。

五、皮肤的体温调节功能

皮肤对体温恒定具有重要的调节作用。一方面它作为外周感受器，向体温调节中枢提供外界环境温度的信息；另一方面，其又可作为效应器，通过物理性体温调节的方式保持体温恒定。

正常成人皮肤体表面积可达 1.5m²，为吸收环境热量及散热创造了有利条件。皮肤动脉和静脉之间吻合支丰富，其活动受交感神经支配，这种血管结构有利于机体对热量的支配。四肢大动脉也可通过调节浅静脉和深静脉的回流量进行体温调节。

体表散热主要通过热辐射、空气对流、热传导和汗液蒸发，其中汗液蒸发是环境温度过高时主要的散热方式，每蒸发 1g 水可带走 2.43kJ 的热量。寒冷环境下，皮肤出汗减少，加上皮下脂肪的隔绝作用，热量散失减少。

六、皮肤的代谢与合成功能

（一）能量代谢

正常表皮的能量代谢比较活跃，与其再生速度较快相适应。皮肤和体内大多数组织一样，以葡萄糖或脂肪作为主要能量物质，通过有氧分解和无氧酵解两条途径提供能量。皮肤中（尤其是在表皮）的无氧酵解途径特别旺盛，速度是人体各组织中最快的。

在有氧条件下，表皮中 50% ～ 75% 的葡萄糖通过糖酵解分解提供能量；缺氧时，则有 70% ～ 80% 的葡萄糖通过无氧酵解分解提供能量，且同时产生乳酸。

（二）糖代谢

皮肤中的糖类物质主要为糖原、葡萄糖和黏多糖等。葡萄糖浓度约为血糖的 2/3，表皮中的含量高于真皮和皮下组织。真皮中的黏多糖含量丰富，主要包括透明质酸、硫酸软骨素等，多与蛋白质形成蛋白多糖（或称黏蛋白），后者与胶原纤维结合形成网状结构，对真皮及皮下组织起支持、固定作用。

（三）蛋白质代谢

皮肤蛋白质包括纤维性和非纤维性蛋白质，前者包括角蛋白、胶原蛋白和弹性蛋白等，后者包括细胞内的核蛋白及调节细胞代谢的各种酶类。角蛋白是角质形成细胞和毛发上皮细胞的代谢产物及主要构成成分；胶原蛋白有 Ⅰ 、Ⅲ 、Ⅳ 、Ⅶ 型，胶原纤维主要成分为 Ⅰ 型和 Ⅲ 型胶原蛋白，网状纤维主要为 Ⅲ 型胶原蛋白，基底膜带主要为 Ⅳ 型和 Ⅶ 型胶原蛋白；弹性蛋白是真皮内弹力纤维的主要成分。

（四）脂类代谢

皮肤中的脂类包括脂肪和类脂质，人体皮肤的脂类总量（包括皮脂腺、皮脂及表皮脂质）占皮肤总重量的 3.5% ～ 6%。脂肪（即甘油三酯）的主要功能是储存能量和氧化供能，类脂（包括胆固醇、磷脂和糖脂等）是细胞膜结构的主要成分和某些生物活性物质合成的原料。真皮和皮下组织中含有丰富的脂肪，可通过 β - 氧化降解提供能量。脂肪合成主要在表皮细胞中进行。

（五）水和电解质代谢

皮肤是人体重要的储水库。皮肤中的水分主要分布于真皮内，当机体脱水时，皮肤可提供其水分的 5% ～ 7% 以维持循环血容量的稳定。皮肤中含有各种电解质（包括 Na^+ 、Cl^- 、K^+ 、Ca^{2+} 、Mg^{2+} 等），主要储存于皮下组织中。

七、皮肤的免疫作用

皮肤具有很强的非特异性免疫防御能力，是人体抵御外界环境有害物质的第一道防线，它能有效地防御物理性、化学性、生物性等有害物质对机体的刺激和侵袭，对人体适应周围环境、健康地生长发育和生存起到了十分重要的作用。

随着生物学和医学免疫学的不断发展，人们发现皮肤还具有非常重要的特异性免疫功能。近年来的研究表明，皮肤是有着独特免疫功能的组织免疫器官，其中的免疫分子和免疫细胞共同形成一个复杂的网络系统，并与体内其他免疫系统相互作用，共同维持皮肤微环境和机体内环境的稳定。

第三节 皮肤的类型

根据皮肤的含水量、pH值、皮脂分泌状况以及对外界各种刺激的反应等综合情况，医学上常将皮肤分为五种类型。

一、中性皮肤

此型皮肤是较为理想的皮肤类型，其角质层皮脂与水分的含量合理，角质层含水量达20%以上，pH值为4.5～6.5。外观皮肤既不油腻又不干燥，红润细腻，弹性良好，富有润泽。对日光具有一定的耐受性，对外界诸多物质刺激一般不敏感，不易产生皱纹，或皱纹发生延后。

二、油性皮肤

此型皮肤主要是由于诸多因素所引起的皮脂腺肥大，增生皮脂分泌过多，使得角层的皮脂与水分含量不均衡。角质层的含水量低于20%，pH值＜4.5。面部外观油腻发亮，毛孔粗大，皮脂外溢，但皮肤弹性好。对外界物质的刺激与日光照射有较强的抵抗力，皱纹发生延后。由于皮脂腺肥大，分泌过多的皮脂堆积，常易发生脂溢性皮炎、痤疮等皮肤病。

三、干性皮肤

此型皮肤是由于角质层中的天然保湿因子及皮脂分泌减少，角质层含水量低于10%，pH值＞6.5。外观皮肤皮纹细，毛孔不明显，表面干燥，无光泽，触之粗糙，甚至有细小脱屑。对日光耐受性差，对外界多种物质刺激较为敏感。易发生皱纹、色素沉着等现象，皮肤较其他类型的人提前发生老化。

四、混合性皮肤

所谓混合型皮肤，是指同一个人在面部的不同部位同时存在着油性和干性状态的皮肤现象。常常在鼻翼两侧、前额等处表现为油性皮肤，而面颊、颞颌等处则表现为干性皮肤。此型皮肤对日光耐受性及对外界物质刺激敏感性介于干性和油性皮肤之间。

五、敏感性皮肤

此型又称过敏性皮肤。多见于特应性体质者，常伴有过敏性鼻炎、特应性皮炎、哮喘等疾病。面部或暴露部位皮肤对外界多种刺激易发生敏感反应，如物理性的冷、热、日光、化工产品、粉尘、化妆品、外用药品、生物因素等。由于反复的过敏反应，皮肤肤质较差，通常皮肤炎性反应明显，可能出现红斑、丘疹、毛细血管扩张、色素沉着、粗糙、脱屑、细纹增多及皮肤老化进程加快。

值得一提的是，以上皮肤类型的分型并非终身不变，可随年龄、季节、环境、营养、心态、健康状况等诸多因素的变化而改变。如年轻人皮脂分泌旺盛，表现为油性皮肤，到中年以后皮脂分泌减少而转变为中性皮肤，到老年后皮脂分泌更加减少，则变为干性皮肤。又如有人本来是正常的中性皮肤，由于滥用化妆品，或不合理擦外用药品，导致皮肤过敏而变为敏感性皮肤。

第四节　皮肤的颜色

皮肤的颜色是由一系列相互联系的因素决定的，包括皮肤中的色素、皮肤表面的反射系数、表皮和真皮组分的吸收系数、皮肤各层的散射系数和厚度等。人类皮肤中含有四种色素，其中外源性胡萝卜素类物质呈黄色；内源性黑色素呈棕色；毛细血管中的氧合血红蛋白呈红色；静脉血中的还原血红蛋白呈蓝色。黑色素在皮肤中的含量及分布状态是决定皮肤颜色的关键因素。

黑色素细胞是人体内产生黑色素的特异细胞，是从神经脊迁移及分化的，黑色素具有吸收过量的日光，特别是吸收紫外线的性质，能防止发生由日光及紫外线照射引起的晒伤、老化及癌变等皮肤的急慢性改变，从而有保护身体的作用。黑色素分子量高，难溶于水，且不溶于有机溶剂，其化学性质稳定，但当与强氧化剂作用时就被氧化。

黑色素的形成过程包括黑色素细胞中酪氨酸在酶的催化下发生的一系列反应以及黑色素体的黑化、迁移、分泌和降解。其中任一环节发生改变均可影响黑色素的含量和分布，从而导致皮肤色泽的改变，而这也正是祛斑增白类化妆品的作用原理所在。

第五节　皮肤的老化

人们往往通过皮肤及头发的一些外在特征，来判断一个人的年龄、身份和地位。面部的皮肤表达着一个人的生理、心理状况，还留下了岁月和环境的痕迹。皮肤是机体的一个器官，作为机体与环境相互作用的界面，它随着机体的成长而成长、衰老而衰老，同时留下环境作用的痕迹。30岁以后，皮肤开始逐渐衰老，失去弹性，变得松弛，出现皱纹，如鱼尾纹、额纹等。衰老也叫老化。皮肤的衰老包括自然衰老和环境作用导致的衰老。环境因素包括风、光、热、烟、化学物质等，而紫外线是环境因素中最主要的因素，其导致的皮肤光老化最明显。衰老的外貌会对人的心理产生负面效应，影响到人的某些社会活动及社会价值。人人都希望保持外貌年轻，青春永驻。预防和延缓皮肤衰老是皮肤美容学的重要课题。

一、皮肤的自然衰老

若不受或较少受到外界因素的影响，随着年龄的增长，皮肤主要表现为受内源性因素的自然老化，又称自然生理衰老。自然老化的皮肤在外观上表现为皮肤松弛，出现细小皱纹，同时皮肤干燥、脱屑、脆性增加，修复功能减退；在毛发方面表现为毛发数目减少，形成秃发，毛发变细，色灰白。皮肤表面凹凸不平，色素不均匀一致，出现老年斑和脂溢性角化症。

在组织学方面，自然老化的皮肤表现为表皮变薄，表皮与真皮结合处变平；角朊细胞增大，有些出现角化不全，细胞轮廓不清；表皮内黑素细胞密度降低。真皮内胶原纤维素变直，交织排列疏松；弹力纤维变细，常断裂，呈碎片状，或纤维细胞皱缩变小；小血管管壁变薄，小动脉弹力纤维变性，垂直毛细血管减少；组织细胞、T淋巴细胞、肥大细胞及朗格汉斯细胞数量减少；皮下脂肪层变薄。

皮肤水分充足，显得饱满，富于弹性，反之缺水则皱缩。角质层水含量取决于天然保湿因子。老年皮肤天然保湿因子减少，加之皮脂腺和汗腺分泌功能减退，所以，老化皮肤水分含量减少。皮肤老化时，表皮细胞增殖能力减退，更新速度减慢，表皮层变薄，真皮层内胶原和弹性蛋白含量减少。目前，在细胞水平和分子水平上对皮肤的生理性衰老已有所研究，如发现老年皮肤细胞内许多基因表达与青壮年相比有突然减少的情况。

二、皮肤的光老化

光老化的皮肤在外观上表现为皮肤松弛，并有深而粗的皱纹，长期户外工作者颈部可见菱形皮肤，伴有局部色素过度沉着及毛细血管扩张，呈现出饱经风霜的外貌，有的可诱发良性或恶性肿瘤，如日光角化病、鳞状细胞癌、间质癌及黑素细胞瘤等。

光老化皮肤组织学上表现为表皮层良性增生、发育不良直到恶性改变；真皮层有炎症细胞浸润、弹力纤维增粗或聚集成团块，并大量过度生长，真皮上部的大部分胶原被其取代；胶原纤维嗜碱性变、单一化变性。光损伤早期真皮乳头层改变明显，晚期扩展至网状层。光化性损伤的组织学其他表现还有局部黑素细胞增多，皮肤毛细血管扩张、扭曲，管壁增厚，并发生弹力纤维变性。日光对皮肤的损伤主要表现在结缔组织，可以说弹性组织变性是皮肤光化性损伤的标志。

皮肤的光老化与自然老化不同，光老化多由日光中的紫外线A段（UVA）和紫外线B段（UVB）造成，如果采取合理的光防护措施，阻断UVA和UVB的照射，可达到预防皮肤光化性损伤的作用。

三、皮肤衰老的机制

皮肤衰老受很多因素的影响，其机制相当复杂。

（一）内源性衰老

1. 皮脂腺分泌减少，天然保湿因子含量减低，神经酰胺、磷脂等减少，经皮水分损失值上升，皮肤干燥、失去光泽并出现鳞屑。

2. 细胞分化、增殖能力下降，细胞分裂的能力随年龄增加而降低。皮肤衰老的实质就是表皮、真皮细胞的凋亡率超过了分化增殖率。

3. 细胞外基质减少，胶原之间的交联减弱，皮肤失去弹性，结缔组织中透明质酸减少，吸水能力下降。

4. 弹性蛋白酶和胶原蛋白酶的抑制剂水平下降，增加了弹性蛋白和胶原的分解，皮肤弹性降低，产生皱纹。

5. 氧自由基清除能力下降，超氧化物歧化酶、辅酶 Q 分泌减少，形成过氧化脂质，引起胶原交联，皮肤失去弹性。

（二）外源性衰老

1. 紫外线 日光中紫外线可通过下列机制使皮肤损伤：①直接损伤 DNA；②导致进行性蛋白质（如胶原）的交联；③通过诱导抗原刺激反应的抑制途径而降低免疫应答；④产生高度反应的自由基与各种细胞内结构相互作用而造成细胞和组织的损伤；⑤紫外线还可直接抑制表皮朗格汉斯细胞的功能，引起光免疫抑制，使皮肤的免疫监督功能减弱而引起皮肤的光老化。

2. 吸烟 香烟是最大的自由基来源，自由基所引起的氧化损伤是皮肤衰老及衰老相关疾病的重要促进因素。另外由于尼古丁能收缩血管，减少皮肤营养和氧气供应，可导致皮肤老化。吸烟对皮肤衰老的影响主要是通过作用于真皮实现的，可引起真皮慢性缺血，降低组织灌流及氧化过程，不能提供皮肤代谢所需营养成分，诱发皱纹生成。吸烟能诱导雌二醇羟化，造成体内低雌激素状态，促使皮肤发生干燥、萎缩，促进皱纹形成。

3. 寒冷、酷热和过度干燥的空气 会影响皮肤正常呼吸，使皮肤过多地散失水分，加速皮肤衰老。空调或集中采暖会使皮肤脱水，产生脱皮，引起皮屑。这些因素均可造成真皮弹性纤维和胶原纤维的破坏，使之变脆、断裂、萎缩，最终导致皮肤弹性减退或丧失。

4. 污染环境 污染尤其是大气污染对皮肤衰老的作用也日益受到重视。随着经济的发展，汽车和各类燃油机动车日益增多，大气污染日益严重，这些污染物中主要含有挥发性有机化合物、一氧化碳、氮氧化物及硫化物等。尤其在夏日，强烈的日光照射使汽车尾气产生氧化性烟雾（含有大量自由基），对皮肤产生氧化性危害，加速皮肤衰老。灰尘过度黏附于皮肤表面，刺激皮肤，堵塞毛孔，可引起皮肤过敏及皮脂分泌降低，皮肤干燥，产生皱纹。

5. 化妆品使用不当 市场上的化妆品种类繁多，许多消费者通常得不到科学的指导，不合理选用化妆品或使用劣质化妆品会给皮肤带来极大的伤害。劣质化妆品对皮肤的刺激或过多的扑粉吸去了皮肤表面的水分，极易使皮肤粗糙、老化，出现皱纹。

6. 长期睡眠不足 皮肤的新陈代谢功能在晚上 10 点至凌晨 2 点之间最为活跃，新陈代谢最旺盛。如睡眠不足可使皮肤调节功能降低，皮肤细胞分裂增殖、更新代谢的能力减弱，出现皱纹，加速皮肤衰老。

第三章　植物化妆品原料　▷▷▷▷

植物化妆品主要是由含植物源成分的各种原料，经配方加工混合，不需要经过化学反应（除特殊要求外）而制成的一种复杂的混合物。化妆品的功能和质量除了与配制技术及生产设备等有密切关系外，主要取决于构成它的原料，原料是不断提升化妆品品质的关键。

植物化妆品是化妆品的种类或应用分支，植物化妆品原料同样必须具备以下条件：①不对皮肤产生刺激和毒性；②不妨碍皮肤的生理作用；③不会使皮肤产生异常生理变化；④不促进微生物的生长和繁殖；⑤稳定、不变色、不会产生不愉快气味和发臭。

根据化妆品原料（包括植物及植物源原料）的用途与功能，可以将组成化妆品的原料分为基质原料、辅助原料和功能性原料三大类。

第一节　基质原料

基质原料是构成各种化妆品的主体，在化妆品配方中占有较大比重，是化妆品基础框架结构的主要成分，决定了化妆品的基本性质和功能。基质原料一般包含油性原料、粉质原料及表面活性剂等原料。其中油性原料是化妆品的主要基质原料，包括油脂、蜡类、高级脂肪酸等；粉质原料是粉底类、香粉、眼影等产品的重要基质原料；表面活性剂为洁面膏、洗面奶、沐浴露、洗发水等产品的基质原料；胶质原料为剥离型面膜、发胶等产品的基质原料。

一、油性原料

油性原料是化妆品中的一类主要基质原料，在化妆品中主要具有以下作用：①屏障作用：油性原料能够在皮肤表面形成疏水性薄膜，防止水分蒸发，防止来自外界物理化学的刺激，保护皮肤；②滋润作用：油性原料能够使皮肤及毛发柔软、润滑，并赋予其弹性和光泽；③清洁作用：根据相似相溶原理，油性原料可溶解皮肤上的油溶性污垢而使之更易于清洗；④溶剂作用：液态的油性原料可作为功能性原料的载体，使之易于被皮肤吸收；⑤乳化作用：高级脂肪酸、高级脂肪醇在乳剂产品中具有辅助乳化的作用，磷脂是性能优良的天然乳化剂；⑥固化作用：固态油性原料可作为赋形剂，赋予产品一定的外观形态，使产品的性能和质量更加稳定。

根据来源不同，油性原料可分为天然油性原料和合成油性原料两大类，实际上现采用的高级油性原料多来源于植物。油性原料主要有油脂、蜡类、烃类、脂肪酸、脂肪醇和酯类等。选用的油性原料不同，产品的使用感觉（油腻感、润滑感等）也不同，对皮肤的护理作用也就不同。

（一）油脂

油脂是油和脂的总称，油脂包括植物性油脂、动物性油脂和矿物性油脂。所谓油脂就是各种高级脂肪酸的甘油酯。

1. 植物性油脂 可分为三类：干性油、半干性油和不干性油。用于化妆品的油脂多为半干性油，干性油几乎不用于化妆品原料。常用的油脂有橄榄油、椰子油、蓖麻油、棉籽油、乳木果油等。

（1）橄榄油 取自新鲜油橄榄果实，为淡黄色或绿黄色透明液体，有特殊的香气。溶于轻质矿物油，微溶于乙醇，不溶于水。

橄榄油甘油酯中的不饱和脂肪酸与人乳非常接近，因而易被皮肤吸收。此外，橄榄油中富含维生素 A、维生素 B、维生素 D、维生素 E，是较好的润肤剂。主要用于润肤霜、抗皱霜、按摩膏、护发素、高级香皂和防晒油等化妆品中。

（2）杏仁油 也称甜杏仁油，取自干燥的甜杏仁果仁。精制杏仁油为淡黄色或无色透明油状液体，具有特殊芬芳气味，溶于轻质矿物油，微溶于乙醇（95%）。杏仁油的脂肪酸组成以油酸和亚油酸为主。

杏仁油作为化妆品原料，主要具有以下性能：①具有良好的亲肤性，质地轻柔，清爽不腻，是最不油腻的油脂；②性能极为温和，即使娇嫩的婴儿都可以使用；③相容性好，与任何植物油皆可互相调和；④稳定性好，不易变质。因此，杏仁油使用极为广泛，可替代橄榄油应用于发油、按摩膏及润肤膏/霜等化妆品中。

（3）椰子油 是从椰子肉中得到的，具有椰子香味。为白色或淡黄色猪脂状的半固体，溶于乙醚、氯仿等溶剂中。主要成分为月桂酸、豆蔻酸的甘油酯。

椰子油是制作香皂不可缺少的油脂原料，也是制取天然脂肪酸和表面活性剂的原料。皂化后主要用于香波、浴液等化妆品中。

（4）蓖麻油 取自蓖麻种子，主产地为巴西、印度、俄罗斯。为无色或淡黄色黏稠透明油状液体，是典型的不干性液体油，具有特殊气味。溶于乙醇，不溶于水。蓖麻油的脂肪酸以蓖麻酸为主。

蓖麻油黏度受温度影响较小，在不同温度下，黏度变化幅度小，凝固点低。因此，应用范围较广，主要用于膏、霜、乳液等化妆品中，尤其适用于毛发定型、唇膏及戏剧用化妆品。

（5）棉籽油 取自各类棉的种子，为黄色或淡黄色油状液体。未精制的棉籽油具有特殊的、强烈的气味，而精制的棉籽油几乎无味。溶于轻质矿物油。

精制棉籽油可替代橄榄油和杏仁油应用于化妆品中，它对皮肤无害，有较好的润肤作用，常作为香脂、香皂、发油等化妆品的原料。

（6）乳木果油 乳木果油又名牛油树脂，取自非洲酪脂树果实。未精炼的乳木果油是灰白软蜡状物质，精炼的乳木果油呈白色或淡黄色猪脂状的半固态。

乳木果油易被皮肤吸收，可改善皮肤柔软性，对于干裂皮肤以及由于晒斑、湿疹和皮炎引起的皮肤问题具有修复作用。可用于润肤膏/霜、乳液、护手霜、防晒霜和婴儿护肤品。

2. 动物性油脂 用于化妆品的有水貂油、蛋黄油、蛇油、鲨鱼肝油、卵磷脂等。动物性油脂一般包括高度不饱和脂肪酸和饱和脂肪酸，与植物性油脂相比，其色泽、气味较差，在具体使用时应注意防腐问题。

水貂油：取自水貂皮下脂肪，为无色、无味的透明液体。水貂油作为化妆品原料主要具有以下性能：①优良的抗氧化性及热稳定性，存储不易变质；②较好的吸收紫外线功能；③调节头发生长，使头发柔软并具有弹性和光泽；④易被皮肤吸收，用后润滑而不腻，使皮肤柔软而富有弹性，适用于干燥皮肤。水貂油主要用于营养霜、营养乳液、护发素及唇膏等化妆品。

（二）蜡类

动植物蜡是从动植物组织中得到的蜡性物质。与动植物油脂不同的是，动植物蜡是高级脂肪酸与高级脂肪醇的酯，其化学通式为 RCOOR'，碳链长度因蜡的来源不同而异，一般在 $C_{16} \sim C_{30}$ 之间。另外，还含有一定量的游离脂肪酸、游离脂肪醇和高碳烃类等。因此，动植物蜡的熔点比油脂高，常温下呈固态。

动植物蜡在化妆品中可起到增加膏体稳定性、调节黏度、提高液体油脂的熔点、改善产品使用感，以及滋润、柔软皮肤的作用。此外，动植物蜡能使疏水性表面膜的形成能力增强，并可提高化妆品的光泽度。根据蜡类物质的来源不同，可分为动物蜡和植物蜡。

1. 动物蜡 主要包括羊毛脂、蜂蜡、鲸蜡、虫蜡等。

（1）羊毛脂 是从羊毛中提取的一种脂肪物。它是羊的皮脂腺分泌物，能使羊毛润滑，有抗日光和防风的作用。羊毛脂一般是毛纺行业从洗涤羊毛的废水中用高速离心机分离提取出来的一种带有强烈臭味的黑色膏状物，经脱色、脱臭处理后，成为微黄色的半固体，略有特殊臭味。

羊毛脂能溶于苯、乙醚、丙酮、石油醚和热的无水乙酸，微溶于90%乙醇，不溶于水，但能吸收两倍重的水而不分离。羊毛脂的组成与人的皮脂组成相似，对人的皮肤有很好的柔软、渗透和润滑作用，具有防止脱脂的功效，是制造膏霜、乳液和口红等的重要原料。

（2）蜂蜡 也称"蜜蜡"，是由蜜蜂腹部的蜡腺分泌出来的蜡质，是构成蜂巢的主要成分，故蜂蜡是从蜜蜂的蜂房中取得的蜡，由于蜜蜂的种类及采蜜的花卉种类不同，其品种与质量亦常有差别。本品一般为淡黄至黄褐色的黏稠性蜡，略有蜜蜂的气味，溶于乙醚、氯仿、苯和热乙醇，不溶于水，可与各种脂肪酸互溶。

蜂蜡广泛用于化妆品中，是制造乳液类化妆品的良好助乳化原料。用于唇膏、发蜡和油性膏霜等产品。

2. 植物蜡 主要包括棕榈蜡、小烛树蜡、棉蜡、霍霍巴油等。

（1）棕榈蜡 取自巴西蜡棕叶，主产于巴西北部和东部，因此也被称为巴西棕榈蜡。精制棕榈蜡为白色至淡黄色无定形的蜡状固体，质硬而韧，有光滑断面，具有光泽和令人愉快的气味，可溶于热乙醇。

棕榈蜡硬度大，熔点高，与其他植物、动物和矿物蜡互熔可提高其熔点，增加硬度、坚韧性、光泽性，降低黏着性、塑性及结晶倾向，因此多用于口红、睫毛膏、发胶、发乳、脱毛蜡等需要较好成型的制品。

（2）霍霍巴油 是取自墨西哥原生植物的特殊植物性蜡。其主要成分与一般动植物油脂不同，不是甘油酯，而是脂肪酸与脂肪醇形成的酯，即蜡。本品为淡黄色油状液体，分子蒸馏的霍霍巴油为无色、无味的透明液体。

霍霍巴油作为优质的化妆品油质原料，主要具有以下性能：①冷、热稳定性均好，黏度随温度变化影响小；②抗氧化性强；③是很好的润肤剂，其所形成的油膜既可透过蒸发的水分，又能控制水分的损失；④易被皮肤吸收，能与皮脂混溶，用后无油腻感。

霍霍巴油安全性高，目前主要用于护肤、护发、沐浴和防晒化妆品中，而且随着配方的需要，乙氧基化和丙氧基化水溶性霍霍巴油已普遍应用于各类化妆品中。

（三）烃类

烃是指来源于天然的矿物经加工而得到的一类碳水化合物，沸点较高，多在300℃以上。按其性质和结构，可分为脂肪烃、脂环烃和芳香烃三大类。烃类在化妆品中主要起溶剂作用，可用来防止皮肤表面水分的蒸发，提高化妆品的保湿效果。通常用于化妆品的烃类有液体石蜡、固体石蜡、凡士林、地蜡、微晶石蜡等。

1. 液体石蜡 又称白油或矿油，是在炼油生产过程中沸点在315～410℃范围内的烃类馏分。为无色、无臭、无味的黏性液体，加热后稍有石油气味，对酸、热和光均很稳定，不溶于水、冷乙醇和甘油。主要成分为C_{16}以上的直链饱和烃、支链饱和烃及环状饱和烃的混合物。

液体石蜡的主要成分为饱和烷烃，稳定性高，具有抗氧化性及抗酸败性，对皮肤的渗透性弱于动植物油质原料。主要用于膏霜类及油性类化妆品中。

2. 固体石蜡 又称石蜡、硬蜡。为无臭、无味、白色或无色的半透明蜡状固体，并有一定的脆性，表面有油腻感。微溶于乙醇，易溶于各种油脂和液体石蜡。与其他矿物油质和蜡一样，化学稳定性好，价格低廉。主要由C_{16}以上的直链饱和烃及少量支链烷烃和环烃组成。固体石蜡主要用于发霜、发乳、发蜡及各类护肤膏、乳液、唇膏等化妆品中。

3. 凡士林 又称矿物脂。为白色或淡黄色均匀膏状物，几乎无臭、无味，化学惰性好、黏附性好、密度高且价格低廉。不溶于水、甘油，难溶于乙醇，溶于各种油脂。主要成分为C_{16}～C_{32}高碳烷烃和少量不饱和烃的混合物。凡士林主要用作皮肤润滑剂和油溶性溶剂。加氢精制得到的凡士林常作为护肤霜、发用化妆品及彩妆化妆品的原料，同时也是药物化妆品的重要成分。

4. 地蜡 因其最初来自天然地蜡矿而得名，又称石油地蜡。为白色、黄色至深棕色硬的无定形蜡状固体。无臭、无味，具有一定韧性，不易破坏。市售的地蜡一般为石蜡和地蜡的混合物。

地蜡主要用于乳化制品及稳定性好的唇膏、发蜡等化妆品。

5. 微晶石蜡　是从提炼润滑油后的残留物中经过脱蜡精制而得到的产物，亦称为无定形蜡。为黄色或棕黄色、无臭、无味、无定形固体蜡，纯品为白色。不溶于冷乙醇（含量95%），稍溶于无水乙醇。其黏性较大，延展性好，在低温下不脆弱，与液体油混合时可防止油分分离。

微晶蜡不含芳香烃，对皮肤无不良作用。在化妆品生产中广泛用于唇膏、棒状除臭剂、香脂、发蜡及膏霜、乳液类化妆品中。

（四）高级脂肪酸、高级脂肪醇和酯类

化妆品用脂肪酸、脂肪醇多数来自动植物油脂、蜡的水解产物，因取自脂肪，故称为脂肪酸、脂肪醇。又因其碳链长、分子量高，又称为高级脂肪酸、高级脂肪醇。高级脂肪酸与低分子量的一元醇或多元醇经酯化反应得到酯。

1. 脂肪酸　一般式为RCOOH，其中R称为烷基，COOH称为羧基。高级脂肪酸中碳数一般是从$12 \sim 30$，且都是偶数，在化妆品中应用最广的是碳数为$12 \sim 18$的脂肪酸。市售脂肪酸产品一般多为混合物，其性质与单纯脂肪酸略有差异。

（1）月桂酸　又名十二烷酸。为白色结晶性蜡状固体，不溶于水，取自椰子油及棕榈油。

一般市场销售的月桂酸为混合物。月桂酸主要用于生产香皂、各种表面活性剂等，是化妆品生产中重要的间接原料，很少直接应用于化妆品生产。

（2）肉豆蔻酸　又名十四烷酸。为白色结晶固体，无臭、无味，溶于无水乙醇。

市售肉豆蔻酸多为混合物，除了制造高级香皂外，多作为化妆品的间接原料，用于原料的合成。

（3）棕榈酸　又名十六烷酸。为白色结晶性蜡状固体，不溶于冷乙醇，可溶于热乙醇。

棕榈酸对皮肤无不良作用，主要与硬脂酸复配使用，可调节膏体或乳液的触变性，也是各种表面活性剂和酯类的重要原料。

（4）硬脂酸　又名十八烷酸。为白色鳞片状结晶，也可呈现块状、片状、粉状或粒状，不溶于乙醇。

硬脂酸对皮肤无不良刺激，是乳化制品不可缺少的原材料，用于生产雪花膏、粉底霜、剃须膏、发乳和护肤乳液等，也是合成表面活性剂的重要原料。

2. 脂肪醇　醇的通式为ROH，其中R为饱和或不饱和烃基。C_5以下为低碳醇，C_{12}以上为高碳醇。在化妆品中，低碳醇一般用作溶剂或合成醇的原料，如甲醇、乙醇、异丙醇、丁醇等；作为油质原料的为$C_{12} \sim C_{18}$的高碳脂肪醇。

（1）月桂醇　又称十二醇、正十二烷醇。一般为无色或白色半透明固体，具有弱而持久的油脂气息，熔点为24℃，所以在夏天则为无色透明油状液体。不溶于水，溶于

乙醇。一般以 $C_{12} \sim C_{13}$、$C_{12} \sim C_{14}$ 混合醇形式出现。

月桂醇是制备表面活性剂的重要原料，也是制备众多有机化合物如酯类或胺类等物质的原料。可用于玫瑰型、紫罗兰型和百合花型香精配方。

（2）鲸蜡醇　又名十六醇或棕榈醇。为白色块状或小立方状的固体。不溶于水，溶于 95% 乙醇（沸腾的）、油脂和矿物油等。

鲸蜡醇本身虽无乳化作用，但具有良好的助乳化作用，与 O/W 型乳化剂配合使用，可形成稳定的 O/W 型乳液，增加了乳液的稳定性；也可以与 W/O 型乳化剂配合，得到稳定 W/O 型乳液。鲸蜡醇还具有润滑皮肤、抑制油腻感、降低蜡类原料黏性、促进乳化制品白色化的作用，且可使产品变软。可用作护肤膏霜等化妆品的乳剂调节剂、软化剂及助乳剂，是各类化妆品中使用最为广泛的原料之一。

（3）硬脂醇　又名十八醇。为白色蜡状小片晶体或粒状体，有特殊气味。不溶于水，溶于乙醇等有机溶剂。

硬脂醇与鲸蜡醇相似，具有良好的助乳化性能，且作用强于鲸蜡醇，与鲸蜡醇配伍使用，可调节制品的稠度和软度。主要用作护肤膏霜类化妆品的乳化调节剂、软化剂，也具有润滑皮肤、抑制油腻感、降低蜡类原料黏性、促进乳化制品白色化的作用。

3. 脂肪酸酯　多数是由高级脂肪酸与低分子量的一元醇酯化所得。此类酯与油脂有互溶性，具有黏度低、延展性好、对皮肤渗透性好及无油腻感等优良性质，在纯度、物理性能、化学稳定性、微生物稳定性及对皮肤的刺激性等方面较天然油脂优越，所以脂肪酸酯在化妆品中得到了广泛应用，是一类很有发展前景的化妆品原料。

（1）肉豆蔻酸异丙酯　又名十四酸异丙酯、豆蔻酸异丙酯。为无色至淡黄色透明油状液体。无味、无臭，不溶于水，溶于乙醇。可提高对皮肤的亲和性，是一种高级脂肪酸的低级醇酯。

肉豆蔻酸异丙酯具有良好的润滑性和渗透性，与皮肤亲和性好，能够柔软皮肤，油腻感低。用作润肤剂、润滑剂时可代替矿物油，使产品不油腻，还可以用作乳剂类化妆品的油相原料和色素、香精及各种添加剂的溶剂。

（2）棕榈酸异丙酯　又名十六酸异丙醋。为无色或淡黄色透明油状液体。无味，溶于乙醇，不溶于水，能与有机溶剂以任何比例混合。

棕榈酸异丙酯具有良好的润滑性、渗透性和延展性，是油脂类原料的良好溶剂，不易水解及氧化酸败；与皮肤有较好的亲和性，易被皮肤组织所吸收，使皮肤柔软。主要用作乳剂类化妆品的添加剂，可使膏体细腻光亮、无油腻感，同时能赋予化妆品良好的涂敷性，可用于各种护肤、护发及美容化妆品。

（3）异硬脂酸异丙酯　是异硬脂酸的一种主要衍生物。为柠檬黄色透明液体。不溶于甘油、丙二醇及水，溶于乙醇、乙酸乙酯、玉米油及矿物油。

异硬脂酸异丙酯有极优的铺展性，浊点低，主要用作润肤剂、润滑剂、保湿剂、增溶剂等。可用于肤用、发用及彩妆等各类化妆品中，在化妆品中可替代肉豆蔻酸异丙酯。

（五）合成油脂原料

合成油脂原料指由各种油脂或原料经过加工合成的改性油脂和蜡，不仅组成和原料油脂相似，可保持其优点，而且在纯度、物理性状、化学稳定性、微生物稳定性以及对皮肤的刺激性和皮肤吸收性等方面都有明显的改善和提高，因此，已广泛用于各类化妆品中。常用的合成油脂原料有角鲨烷、羊毛脂衍生物、聚硅氧烷等。

1. 角鲨烷 是取自鲨鱼肝油的角鲨烯经加氢还原而得到的饱和烃。为无臭、无味、惰性的透明油状液体，因其结构为角状而得名。稍溶于乙醇，溶于矿物油和其他动植物油。研究表明，人体皮肤皮脂腺分泌的皮脂中约含有10%的角鲨烯和2.4%的角鲨烷。人体可将角鲨烯转变成角鲨烷。

角鲨烷的惰性很强，具有高度的稳定性（抗氧化、抗微生物）以及良好的安全性，熔点低，能使皮肤柔软，且没有油脂的强油腻感。主要用作高级化妆品的油性原料，如各种膏霜、乳液、眼线膏和护发素等。

2. 羊毛脂衍生物 羊毛脂虽是一种性能良好的化妆品原料，但是由于其色泽及气味等问题，使其应用受到限制。为此，人们对羊毛脂进行了大量的改性研究，以求在保留其良好特性的基础上消除其缺陷。目前已制得了许多具有优良特性的羊毛脂衍生物，主要如下。

（1）液体羊毛脂 羊毛脂经除去固体成分后，其主要组成即低分子脂肪酸和羊毛脂醇的酯类，对皮肤的亲和性、渗透性、柔软作用较好。可用于婴儿护肤品、油类制品及毛发类制品等。

（2）硬质羊毛脂 用溶剂分出羊毛脂后，再采用结晶法取得的产品。这是一种类似蜂蜡的硬质蜡，可用于唇膏、发蜡等化妆品，以增加产品的光泽。

（3）羊毛脂醇 能溶于热无水乙醇，不溶于水，但可吸收4倍重量的水，比羊毛脂有更好的保湿性，对皮肤有很好的润湿性、渗透性及柔软性。因其有降低表面张力的能力，而具有乳化性和分散性，可作为 W/O 型乳液的乳化助剂，并对 O/W 型乳液有稳定作用。其性能较羊毛脂优越，可替代羊毛脂，多用于膏霜、乳液、蜜等化妆品。

（4）羊毛脂酸 是由羊毛脂水解后再进一步脱臭精制得到的一种黄色蜡状固体，微有蜡质气味。本品能分散于蓖麻油、热白油中，不溶于水，与三乙醇胺等碱性物质作用，能制成 O/W 型乳化剂。通过进一步处理，羊毛脂酸还可以生成许多羊毛脂衍生物。

（5）乙酰化羊毛脂 将羊毛脂与乙酸酐反应，羊毛脂分子内的羟基和乙酸酐发生乙酰化反应，制得乙酰化羊毛脂。呈象牙色至黄色半固体状，溶于白油，不溶于水、乙醇、蓖麻油。乙酰化羊毛脂具有较好的油溶性及抗水性能，能形成抗水薄膜，减少水分蒸发，对皮肤无刺激，是很好的柔软剂。可用于护肤膏霜、乳液及防晒化妆品，与矿物油混合后，可用于婴儿油、浴油、发胶等化妆品。

二、粉质原料

粉质原料是化妆品中的重要原料，主要用于粉类化妆品，如爽身粉、香粉、粉饼、唇青、胭脂及眼影等。在化妆品中主要起到遮盖、滑爽、附着、吸收、延展作用。

化妆品用粉质原料一般均来自天然矿产粉末，如滑石粉、高岭土、黏土等，这些粉质原料的质量应满足以下两点要求：①细度达 300 目以上，水分含量在 2% 以下；②重金属含量不可超过质量标准规定含量。

1. 滑石粉　又称画石粉、水合硅酸镁超细粉。主要成分为含水硅酸镁，为白色或类白色、微细、无砂性的粉末，手摸有滑腻感，无臭，无味。滑石粉在水、稀盐酸或稀氢氧化钠溶液中均不溶解。

滑石粉具有润滑性、耐火性、抗酸性、绝缘性及抗黏、助流、熔点高、化学性质不活泼、遮盖力良好、柔软、光泽好、吸附力强等优良特性，用途很广，是粉类化妆品的主要原料，主要用于制造香粉、胭脂、爽身粉和痱子粉等。

2. 氧化锌　又称锌白粉。为白色晶体或粉末，无毒、无臭，不溶于水和乙醇，能溶于酸、碱及氯化铵溶液，长期置于潮湿空气中易变质。

氧化锌具有较强的遮盖力和附着力，对皮肤具有收敛性和杀菌性，主要用于香粉类化妆品，还可用于粉底液、粉底霜等化妆品。

3. 二氧化钛　又称钛白粉。为白色固体或粉末状的两性氧化物，无毒，化学性质稳定，是重要的白色颜料，是颜料中最白的物质。

钛白粉为遮盖力及着色力最强的粉质原料，其遮盖力为锌白粉的 2 ～ 3 倍，着色力是锌白粉的 4 倍。本品的附着力及吸油性亦佳，只是其延展性差，不易与其他粉料混合均匀，所以最好与锌白粉混合使用以克服不足。用量一般在 10% 以内。

二氧化钛在粉类化妆品中应用很广，可作为香粉、粉饼及粉底等化妆品的遮盖剂。当其粒径达纳米级时，对紫外线透过率最小，可作为紫外线屏蔽剂用于防晒化妆品。

4. 高岭土　是一种以高岭石为主要组成的黏土，有滑腻感、泥土味，易分散悬浮在水中，具有良好的可塑性和较高的黏结性。

高岭土具有白度高、质软等特点，能够抑制皮脂，吸收汗液，对皮肤有黏附作用；与滑石粉配合使用，可消除滑石粉的闪光性，是粉类化妆品的主要原料。主要用于制造香粉、粉饼、胭脂及面膜等化妆品。

三、表面活性剂

表面活性剂是一类重要的精细化学品。其分子结构具有两性：一端为亲水基团，易溶于水，具有亲水性；另一端为疏水基团，不易溶于水，易溶于油，具有亲油性。亲水基团常为极性基团，如羧酸基、磺酸基、硫酸基、季铵基等；而疏水基团常为非极性烃链，如 8 个碳原子以上烃链，如碳氢链、聚硅氧烷及聚氧丙烯基等。表面活性剂能使目标溶液表面张力显著下降，改变体系的界面状态，也能在溶液中缔合成胶团，因而除具有乳化或破乳、发泡或消泡、增溶、润湿、分散和洗涤作用外，还具有保湿、杀菌、润滑、抗静电、柔软等作用。表面活性剂是化妆品中普遍使用的原料，目前已广泛用于工农业生产，被化工界称为工业味精。

表面活性剂通常可分为离子型表面活性剂和非离子型表面活性剂两大类。非离子型表面活性剂溶解于水时不发生电离而呈电中性。离子型表面活性剂在水中可以电离，根据亲水基所带的电荷不同又可分为阴离子型表面活性剂、阳离子型表面活性剂和两性离子型表面活性剂三类。

（一）非离子型表面活性剂

非离子型表面活性剂是在水中不解离成离子的表面活性剂。在化妆品中这类表面活性剂品种较多，使用剂量非常大，具有高表面活性，水溶液表面张力低，有良好的乳化能力和洗涤作用，而且因其无离子，不怕硬水，不受 pH 值限制，对皮肤刺激性弱或无刺激、无异味，在化妆品中广泛用作乳化剂、稳泡剂、低泡去污剂等。化妆品中使用的乳化剂、泡沫剂、增稠剂、分散剂多为非离子型表面活性剂。根据其亲水基结构的不同，大致可分为两大类：聚氧乙烯型和多元醇型。

聚氧乙烯型有聚氧乙烯脂肪醇醚、聚氧乙烯烷基酚醚、聚氧乙烯脂肪酸酯、聚氧乙烯烷基醇酰胺等。

多元醇型有失水山梨醇脂肪酸酯、烷基醇酸胺等。

（二）阴离子型表面活性剂

阴离子型表面活性剂在水中溶解时亲水基部分解离出阴离子，又可以分为羧酸型、磺酸型、硫酸型和磷酸酯型。一般在亲水部分使用钠、钾和三乙醇胺等的可溶性盐。亲油基部分以直链基、支链烷基等为主。阴离子型表面活性剂具有原料易得、成本低、泡沫丰富、去污能力强等特点，所以阴离子型表面活性剂是所有表面活性剂中发展历史最悠久、产量最大、种类最多的一类产品，几乎占据一半的市场，但同时普遍存在刺激性强的缺点。

1. 高级脂肪酸盐　硬脂酸钠、月桂酸钾等。

2. 磺酸盐　十二烷基苯磺酸钠、琥珀酸酯磺酸钠、烯基烷磺酸盐和羟基磺酸盐等。

3. 硫酸酯盐　十二烷基硫酸钠、聚氧乙烯十二醇硫酸酯钠、单月桂酸甘油酯硫酸钠等。

4. 磷酸酯盐　月桂基磷酸单酯盐及双酯钠等。

（三）阳离子型表面活性剂

阳离子型表面活性剂的去污力和发泡力虽然比阴离子型表面活性剂差，但易在头发表面形成吸附性保护膜，能赋予头发光泽、柔软、抗静电、易梳理等特性，同时也具有较好的杀菌作用，可用作头发调理剂和杀菌剂。一般不可与阴离子型表面活性剂一同使用，因易沉淀失去效力，但可与非离子型表面活性剂一同使用。

阳离子型表面活性剂主要是含氮的有机胺衍生物，由于其分子中的氮原子含有孤对电子，故能以氢键与酸分子中的氢结合，使氨基带上正电荷，因此，它们在酸性介质中才具有良好的表面活性，而在碱性介质中容易析出失去表面活性。另外还有一小部分含硫、磷、砷等元素的阳离子表面活性剂。主要包括季铵盐类、胺盐类、杂环类及䏲盐类，前者在化妆品中应用较为广泛。

1. 季铵盐类阳离子型表面活性剂　烷基三甲基氯化铵、二烷基二甲基氯化铵、烷基二甲基苄基氯化铵等。

2. 胺盐类阳离子型表面活性剂　伯、仲、叔胺的盐总称为胺盐，它们的性质相近，难以区分。

（四）两性离子型表面活性剂

两性离子型表面活性剂是指分子内分别含有一个或一个以上阴离子性官能团和阳离子性官能团的表面活性剂。根据酸碱性变化，显示出阴或阳离子的性质。为此，两性离子型表面活性剂可以补充离子型表面活性剂的不足之处，特别是和离子型表面活性剂相比，其毒性低，对皮肤刺激性小，有一定的洗涤力，同时具有良好的杀菌力、抑菌力和起泡力，故用于洗发香波、婴儿用品，在气溶胶制品中有助于气泡的形成并增强泡沫的稳定性。

甜菜碱型两性表面活性剂最早从甜菜根得到，此类表面活性剂具有良好的发泡、洗涤和增稠性能，多用于洗发香波和沐浴露。代表性原料有十二烷基二甲基甜菜碱、椰油酰胺丙基甜菜碱等。

四、胶质原料

胶质原料是水溶性的高分子化合物，在水中能膨胀成胶体，应用于化妆品中能产生多种功能，作为胶合剂可使固体粉质原料黏合成型，作为乳化剂对乳状液或悬状剂起到乳化作用，此外还具有增稠或凝胶化作用。

化妆品中所用的水溶性高分子化合物主要分为天然类和合成类。

天然的水溶性高分子化合物包括淀粉、植物树胶、动物明胶等，但质量不稳定，易受气候、地理环境的影响，产量有限，且易受细菌、霉菌的作用而变质。

合成的水溶性高分子化合物包括聚乙烯醇、聚乙烯吡咯烷酮等，性质稳定，对皮肤的刺激性小，价格低廉，所以取代了天然的水溶性高分子化合物成为胶体原料的主要来源，它又分为半合成与合成的水溶性高分子化合物。半合成的水溶性高分子化合物包括甲基纤维素、乙基纤维素、羧甲基纤维素钠、羟乙基纤维素以及瓜耳胶及其衍生物等。合成的水溶性高分子化合物包括聚乙烯醇、聚乙烯吡咯烷酮、丙烯酸聚合物等。它们作为黏胶剂、增稠剂、成膜剂、乳化稳定剂在化妆品中使用。

第二节　辅助原料

辅助原料是指为化妆品提供某些特定功能的辅助性原料，对于化妆品的功能性、稳定性及化妆品的成型、颜色、气味等都发挥着重要的作用，在化妆品中添加量相对较小，但作用不可忽视。化妆品中的辅助原料主要包括香精和香料、颜料和色素、防腐剂、抗氧剂、螯合剂、表面活性剂和胶质原料等。在植物化妆品中，基质原料与辅助原料之间没有绝对的界线，某一原料在这一化妆品中起着基质原料的作用，而在另一化妆品中则可能为辅助原料，如表面活性剂月桂醇硫酸钠在香波中是起洗涤作用的基质原料，但在膏霜类化妆品中是作为乳化剂的辅助原料。因表面活性剂、胶质原料等在基质原料中已做介绍，本节不再赘述。对赋予化妆品特殊功能或强化化妆品对皮肤生理辅助作用的原料，也在本节介绍，如保湿剂、防晒剂等。

一、溶剂原料

溶剂是膏状、浆状及液状化妆品中不可缺少的起溶解作用的成分。

溶剂原料在化妆品中的作用：①溶解作用；②与配方中的其他成分互相配合，使制品保持稳定的物理性能，便于使用；③在许多固体化妆品的生产过程中，起胶黏作用，如制粉饼成颗粒的时候，就需要一些溶剂黏合；④化妆品中的香料及颜料的加入，需借助溶剂，以达到均匀分布的目的；⑤溶剂本身的一些其他特性，如挥发、润湿、润滑、增塑、保香、防冻及收敛作用等；⑥营养化妆品中的活性成分，无论是脂溶性还是水溶性物质，均需溶剂溶解。

化妆品中常用的溶剂为水及有机溶剂。

（一）水

水是化妆品的重要原料，是一种优良的溶剂，水的质量对化妆品产品的质量有重要的影响。

化妆品中所用的水必须经过处理，要求水质纯净、无色、无味，且不含钙、镁等金属离子，无杂质，选用去离子水或蒸馏水均可。现在常用膜分离法（反渗透、超过滤和微孔膜过滤）、离子交换树脂法等制备化妆品生产用水。

（二）醇

醇类原料在化妆品中使用广泛，作用突出，是多数产品中不可或缺的成分。

1. 乙醇 俗称酒精。常温、常压下是一种易燃、易挥发的无色透明液体。乙醇水溶液具有特殊的、令人愉快的香味，并略带刺激性。

乙醇用途很广泛，在化妆品中主要用作溶剂，是制造香水、花露水、洗发水等化妆品的主要原料。

2. 丙二醇 为无色透明状液体，几乎无臭，味微苦，易吸潮。可与水、醇和大多数有机溶剂混合。

丙二醇具有良好的保湿性能，是化妆品中常用的保湿剂。另外，丙二醇还具有乳化性、溶解性、杀菌性、润湿性及软化性等性能。用于化妆品中使用感好，可增加制品的柔软性，还具有一定的防晒作用。一般用于膏霜、乳液、化妆水、牙膏、香波等各类化妆品。

3. 异丙醇 为无色透明挥发性液体，有似乙醇和丙酮混合物的气味且气味不大。溶于水及醇、醚、苯、氯仿等多数有机溶剂。

异丙醇能通过皮肤被人体吸收，又具有杀菌作用，适宜浓度为30%。主要用作指甲油中的偶联剂。其蒸汽能对眼睛、鼻子和咽喉产生轻微刺激。

4. 正丁醇 为无色液体，有酒精味。20℃时在水中的溶解度为7.7%，能与乙醇、乙醚及其他多种有机溶剂混溶。

正丁醇在化妆品中是制造指甲油等化妆品的原料。

（三）酯类

乙酸乙酯又称醋酸乙酯，为无色澄清液体，具有芳香气味，易燃、易挥发。乙酸乙酯在化妆品中主要作为溶剂用于指甲油等化妆品中，用以溶解硝化纤维素等皮膜形成剂，也是指甲油脱膜剂的原料，以溶解和去除指甲油的皮膜。又因其具有令人愉快的芳香气味，也被用于制备合成香料。

二、香料和香精

香料和香精用以增加化妆品香味，提高产品身价。

香精是选用几种至几十种的单体香（原）料，按香型、用途、价格等要求调配而成的混合体，可直接用于化妆品中，使其具有优雅舒适的香气。

香料可分为天然香料和合成香料。天然香料包括植物香料（如香叶油、橙叶油、玫瑰浸膏、茉莉精油等）和动物香料（如四大名香：龙涎香、麝香、灵猫香、海狸香）。合成香料包括单纯香料和混合香料。

三、化妆品用色素

《化妆品安全技术规范》（2015年版）纳入157项准用着色剂，化妆品用色素包括有机合成色素，如染料、色淀和颜料；无机颜料，如氧化锌、二氧化钛、氧化铁、炭黑等，它们对光的稳定性很好，不溶于有机溶剂；天然色素，如胭脂红、红花苷、胡萝卜素、姜黄和叶绿素等。

四、防腐剂与抗氧化剂

在化妆品的生产配方中都要加入一定量的防腐剂，抑制外来污染微生物在化妆品中的繁殖，或对霉菌起到杀菌、抑制或阻止其生长的作用，起到防止化妆品变质的目的。化妆品用防腐剂必须是《化妆品安全技术规范》（2015年版）纳入的准用防腐剂，常用的防腐剂包括对羟基苯甲酸酯类、咪唑烷基脲、溴硝丙二醇等。

抗氧化剂是指能够防止和缓解油脂等化妆品组分氧化酸败的物质。其作用机理是与游离基或过氧化物结合成稳定的化合物，以阻止游离基连锁反应，从而防止油脂氧化。化妆品中常用的抗氧化剂有二丁基羟基甲苯、叔丁基羟基苯甲醚、没食子酸、生育酚（维生素E）等。

五、螯合剂

化妆品中如混入金属离子，就可能会成为使其质量劣化的直接或间接原因。金属离子可以使油性原料变臭、变色，妨碍其他药物功效，或使化妆水等的透明体系产生沉淀。螯合剂是使金属离子失活的物质。

螯合剂有乙二胺四乙酸及钠盐、柠檬酸、抗坏血酸等，其中最常用的是乙二胺四乙酸钠盐。

六、保湿剂

保湿剂是指能够保持、补充皮肤角质层中水分，防止皮肤干燥，或能够使已干燥、失去弹性、干裂的皮肤变得光滑、柔软、富有弹性的一类物质。通常把具有防止水分蒸发作用的油脂类保湿剂又称为润肤剂。

理想的保湿剂具有以下功能：具有适度的吸湿能力；吸湿力能够持久；吸湿力很少受环境条件变化（温度、湿度和风等）的影响；赋予皮肤和制品本身以吸湿力；挥发性尽可能低；和其他成分协调性好；凝固点尽可能低；黏度适当，使用感好，与皮肤的亲和性好；安全性高；尽可能无色、无臭、无味。按化学结构不同，保湿剂主要有以下几类。

1. 甘油　又称丙三醇，是常用的保湿剂，为无色、无臭、透明、有甜味的黏稠液体，易溶于水。本品是性能良好的保湿剂，还可发挥防冻剂、润滑剂的作用。本品为 O/W 型乳剂化妆品所不可缺少的原料，广泛用于牙膏、护肤膏霜等产品中。

2. 山梨醇和聚氧乙烯山梨醇　山梨醇又称山梨糖醇，为白色、无臭之结晶粉末，微甜、略有清凉的感觉，溶于水，微溶于乙醇。山梨醇具有良好的保湿性能，黏度高于甘油，常作为化妆品膏霜的优良保湿剂及牙膏的赋形剂、保湿剂。与甘油以合适比例合用，可得到良好的保湿效果，也可作为甘油的替代品。同时，山梨醇对皮肤无刺激，是婴儿制品最理想的保湿剂。聚氧乙烯山梨醇也是很好的保湿剂，同时又是一种表面活性剂。

3. 聚乙二醇（PEG）　聚乙二醇相对分子质量不同而物理性质各异，相对分子质量增加，其溶解性减少，吸湿能力也相应降低，用作化妆品保湿剂的是平均相对分子质量为 600 以下的聚乙二醇，常温（25℃）下为液体，一般无色、无臭，可替代甘油或丙二醇。主要用于润肤膏霜、化妆水、牙膏等化妆品。

4. 乳酸　是自然界中广泛存在的有机酸，是人体天然保湿因子中主要的水溶性酸类，易溶于水，对皮肤和头发均有较好的亲和作用，且与其他成分相容性好。

5. 吡咯烷酮羧酸钠（PCA–Na）　又称为 2- 吡咯烷酮 -5- 羧酸钠，是天然保湿因子之一，为无色、无臭、略带咸味的透明液体，在保湿性、安全性、渗透性和水溶性等方面均具有优异的特性。其保湿能力优于甘油，效能与透明质酸相当；由于黏度较其他保湿剂低，因此其制品无黏腻厚重感。

6. 透明质酸（HA）　是一种酸性黏多糖，是真皮中的主要保湿成分，为无色、无臭、无定型固体。其水溶液不仅具有较高的黏度，还具有高的黏弹性和渗透压，因此具有较强的保水作用。

透明质酸在化妆品中作为保湿剂，有较强的吸湿性和保水润滑性，可保留比自身重 500～1000 倍的水，一般质量分数为 2% 的透明质酸水溶液能牢固地保持 98% 水分，生成凝胶，且水分不容易流失。透明质酸分子质量越高，其保湿效果越好。同时，透明质酸可滋润皮肤，使其光滑有弹性，延缓皮肤衰老，且对皮肤几乎无刺激性。但其市售较贵，目前多用于高品质的护肤化妆品中。

7. 酰胺类　此类保湿剂中含有羧基、羟基、酰胺基等亲水性基团，对水有较好的亲和作用，具有良好的保湿性。

神经酰胺又称为酸基鞘氨醇，是皮肤角质层细胞间脂质的主要成分，约占表皮角质脂质含量的 50%，与胆固醇、胆固醇酯、脂肪酸等物质构成了细胞间质，在角质层中具有重要的生理功能，主要表现为：①屏障作用：角质层是人体皮肤的第一道屏障，而神经酰胺又是皮肤角质层细胞间脂质的主要成分。研究表明，神经酰胺的丢失会使皮肤的屏障功能丧失，而局部使用一定量的神经酰胺就可使丧失的皮肤屏障功能得以恢复。②黏合作用：角质层中神经酰胺含量减少可导致角化细胞间黏合力下降，皮肤出现干燥、脱屑等现象，使用神经酰胺可明显增强角化细胞间的黏着力，改善皮肤的干燥现象。③保湿作用：神经酰胺的屏障作用及黏合作用减少了角质层水分的丢失，同时，神经酰胺具有很强的缔合水分的能力，可通过在角质层形成的网络结构来维持水分，防止皮肤水分的丢失。④抗衰老作用：角质层中神经酰胺含量的减少会使皮肤出现干燥、脱屑、粗糙、角质层变薄、皱纹增多、弹性下降等衰老现象，神经酰胺的屏障作用、黏合作用及保湿作用可改善上述衰老症状，延缓皮肤衰老。

七、防晒剂

防晒剂是利用光的吸收、反射或散射作用，以保护皮肤免受特定紫外线所带来的伤害或保护产品本身而在化妆品中加入的物质。理想的防晒剂应具备：①颜色浅，气味小，无刺激，无毒性，无过敏性，无光敏性，安全性高；②对光稳定，不易分解；③防晒效果好，成本较低；④配伍性好，产品稳定。

《化妆品安全技术规范》（2015 年版）纳入的准用防晒剂，根据其性质主要分为紫外线屏蔽剂和紫外线吸收剂两类。

1. 紫外线屏蔽剂　属于物理性防晒剂，是通过对紫外线的散射或反射作用而减少紫外线对皮肤直接照射的一类物质。多为白色无机粉末，典型的有二氧化钛和氧化锌。这类防晒剂具有化学惰性，安全性及稳定性均较好，而且粉体颗粒愈细，散射能力愈强；主要不足是容易在皮肤表面沉积成较厚的白色层，堵塞毛孔，影响皮脂腺和汗腺的分泌，且易脱落。纳米级的这类原料具有散射能力强、透明性好的特性，但存在易凝聚、分散性差、难以配合化妆品等缺点。这类防晒剂与紫外线吸收剂结合使用，可提高产品的日光保护系数。

（1）二氧化钛　二氧化钛（TiO_2）能反射或折射大部分可见光及紫外线，在紫外线屏蔽中效果最好。超细（纳米级）二氧化钛对紫外线屏蔽作用好，产品透明度提高，使用效果好。二氧化钛在化妆品中常用浓度为 3% ~ 5%。

（2）氧化锌 氧化锌（ZnO）防紫外线能力略低于二氧化钛。超细（纳米级）氧化锌用量为 15% 时，防晒指数（SPF）可达 18。氧化锌在化妆品中常用浓度为 5% ~ 10%。

2. 紫外线吸收剂 是一种光稳定剂，对 UVA 段和 UVB 段紫外线有较好吸收作用，又称为化学吸收剂。这类物质能选择性吸收紫外线，并将其光能转换为热能，而本身结构不发生变化。其分子结构不同，选择吸收的紫外线波段也不同。

（1）二甲基 PABA 乙基己酯 PABA 是 UVB 段紫外线吸收剂，也是最早使用的紫外线吸收剂，对皮肤刺激性大，现已禁用。二甲基 PABA 乙基己酯为 PABA 衍生物，较少使用。

（2）水杨酸乙基己酯 为 UVA 段紫外线吸收剂，在使用中比较温和、稳定，有较高的安全性。但吸收率低。

（3）双 - 乙基己氧苯酚甲氧基三嗪 为三嗪类，是兼能吸收 UVA 和 UVB 波段紫外线的新型广谱紫外线吸收剂，其分子量大，不易被皮肤吸收；稳定性强，还可以作为其他化学防晒剂的稳定剂；与其他防晒剂的相溶性强。

八、美白剂

在我国及日本、韩国化妆品中常用的美白剂包括熊果苷、烟酰胺、光甘草定、苯乙基间苯二酚、抗坏血酸（即维生素 C）、抗坏血酸葡糖苷、3- 邻 - 乙基抗坏血酸、抗坏血酸磷酸酯镁、凝血酸、甲氧基水杨酸钾、红没药醇等。其中美白植物成分主要包括甘草提取物、构树提取物、母菊花提取物等。

二氧化钛、氧化锌、云母、滑石粉等原料是常用的物理美白成分。

第三节 化妆品植物原料

含植物原料的化妆品受到消费者的青睐，天然、绿色可以说是植物化妆品宣传的最大卖点，植物原料的应用已成为化妆品市场的主流，研发安全性高、功效性强的植物原料已成为化妆品行业的发展趋势。2021 年实施的《化妆品监督管理条例》明确鼓励和支持运用现代科学技术，结合我国传统优势项目和特色植物资源研究开发化妆品。这为我国化妆品产业未来植物原料的开发与应用指明了方向，同时必将迎来植物化妆品原料在数量和质量上的大踏步提升。尽管植物原料的功效性是应用于化妆品的主要条件，但也只有在安全性的条件下才有考虑其功效性的必要。目前大多数植物提取物都没有进行过安全性和有效性评估，所谓的"天然、绿色"依然可能存在一定的安全隐患。以下就目前现有化妆品植物原料的定义、特点及常见种类进行介绍。

一、化妆品植物原料的范畴及特点

1. 化妆品植物原料范畴 目前我国相关法规中尚未对化妆品植物原料有明确的界

定。一定程度上，广义的化妆品植物原料范畴应包含所有从植物中提取分离得到的天然化妆品原料。但是根据我国化妆品中植物原料的应用实际，结合国际上有关化妆品植物来源物质的相关表述，学术界一般认为化妆品植物原料是指直接来源于植物，且没有经过化学修饰、没改变其原有化学成分结构的用于化妆品生产的原料。对化妆品植物原料的界定需满足：应直接来源于植物；应为多成分的混合物，且其中单一成分的含量不得超过80%；没有经过化学修饰或生物转化，即保持原植物的形态、化学组成及化学结构；使用目的应符合我国化妆品的定义范畴。目前常见的植物相关的原料形式主要有植物提取物、从植物中纯化得到的化合物、以植物为底物经微生物发酵得到的产物等。根据上述界定标准，其中经过了化学修饰或生物转化处理者（如酸、碱、酶转化、发酵、细胞培养等），如氢化植物油、水解酸橙果提取物、葡萄发酵提取物等，则不属于化妆品植物原料。苹果果实细胞培养物提取物、海茴香愈伤组织培养物滤液等不是直接来源于植物，已不同于原植物形态；甘草酸二钾、苹果酸、柠檬酸为单一化合物，上述原料尽管名称中含有植物，但其并不属于化妆品植物原料。

2. 化妆品植物原料特点　原料是化妆品品质不断提升的关键。植物化妆品中的有效成分和某些活性物质构成了其功能基础。随着时代的发展、市场的变化，植物化妆品原料呈现出新的趋势和特点。

（1）种类少，从中药中挖掘新的天然化妆品原料具有较好开发前景。现有植物原料3000多种，且在植物化妆品应用的植物大多为水果、蔬菜和常见的植物，来源于中药的天然化妆品原料品种非常少。我国是世界上中药材资源最丰富的国家之一，且由于在过去的行业发展中，法规规定的可使用植物原料有限，所以大量传统功效植物原料有待研究与开发，因此从中药中开发新的天然化妆品原料有很广阔的前景。

（2）以保湿和美白功效为主。超过50%的植物护肤品都宣称其具有滋润、保湿作用，这比较符合保湿作为化妆品的基础功效的特点。欧美市场宣称较多的功效还有提亮、焕彩，亚洲地区的这一功效实则为美白，也是亚洲及全球较热门的功效。

（3）以被子植物和藻类植物原料为主。在《已使用化妆品原料目录（2021年版）》中近97%是被子植物，近3%是藻类植物。在市售面部护肤品十大植物成分中，从中国市场可看出根茎类提取物比较受欢迎，而花卉类提取物在世界市场中亦占据着一席之地。其中绿茶提取物和海藻提取物各占10%以上市场份额，库拉索芦荟提取物、人参提取物、甘草根提取物紧随其后，马齿苋提取物、黄芩提取物、金缕梅提取物等也超过5%，以上原料主要来源于被子植物和藻类植物。

（4）功效明显提升，但缺少功效突出品种，急需开发化妆品植物源新原料。现代利用精细化工、生化技术相对纯化和富集得到天然活性物，提高了有效活性物的浓度，功效明显，针对性强。随着研究水平的进一步加深，从植物中提取的有效成分，包括多糖类、黄酮类、多酚类、皂苷及三萜类等活性物质，各物质具体的美白、抗氧化、控油、防晒等不同功效也逐渐被证实。但是多数化妆品植物原料的功效与化工合成的原料相差甚远，缺少功效突出的拳头产品。如果是围绕特定植物原料进行开发，可结合中医药理论，考虑该原料性味归经、功效作用与化学成分，推测相关功效并进行实验验证。

（5）质控逐渐规范，安全性有较大提升，但是目前多数化妆品植物原料缺少可执行的国家标准，仍存在安全性低等问题。化妆品植物原料精制过程中去除了与其共存的糖分、油脂等营养成分，有利于化妆品的防腐；去除了无效成分，副作用小，安全性有所提高；去除了色素及不良气味，使其适合在化妆品中使用；提供了可供检测的功能性成分的含量和测定指标，品质控制与国际化妆品的要求逐渐接轨。但目前多数化妆品植物原料仍然存在品种混乱、品质良莠不齐、提取物 pH 值常变化、色泽不稳定、易出现沉淀等现象，缺少可执行的国家标准。

二、常见植物功效性成分

（一）维生素

维生素是十分重要的营养性成分，许多维生素及具维生素样作用的化合物已应用于化妆品中。

1. 叶酸（维生素 B$_9$）　叶酸也称为维生素 M、维生素 Bc、蝶酰谷氨酸，广泛存在于各类水果、蔬菜和茶叶中，在东当归的根、荔枝的果肉及芒果的果实中含量较高。为针状结晶，易溶于热水、乙醇。

叶酸是十分重要的辅酶，可帮助蛋白质代谢。外用叶酸可有助于活化皮肤表皮细胞，促进皮肤对营养成分的吸收，维持皮肤水分的恒定，减慢皮肤角化速度，在肤用化妆品中可发挥养肤、嫩肤的作用。叶酸还可吸收紫外线而发挥防晒作用，其紫外线最大吸收波长为 259nm 和 368nm。

2. 蒜硫胺素　是一种含硫醚键的喹唑啉类生物碱，其结构与维生素 B$_1$ 有些类似，有人将其归为维生素 B$_1$ 的衍生物，是大蒜的主要活性物质之一。

蒜硫胺素有活血作用，能够扩展毛细血管，在浴用化妆品中可发挥暖肤作用。在肤用化妆品中，蒜硫胺素又能提高皮肤表面细胞的活性，增加透明质酸的保湿性能，促进皮肤对其他营养物质的吸收。经动物实验证明，皮肤在施用蒜硫胺素后，角质层的含水量可增加 40%～50%。

（二）蛋白质类

植物蛋白对皮肤和头皮的亲和力好，可提高皮肤保湿性，有助于赋予弹性；其成膜性也较好，是表皮、真皮形成膜的主要成分；同时，其也可增加产品的调理性。植物蛋白含人体 8 种必需氨基酸（人体自身不能合成这些氨基酸），根据水解程度不同，可成为皮肤滋润营养剂。植物蛋白衍生物也可改变皮肤或头发的触感，增加润滑性，改善蛋白的溶解性，并提高调理作用的持久性。

麦蛋白为存在于小麦种子内的一类谷蛋白。麦蛋白不溶于水，用于化妆品中的是其部分水解物，主要有相对分子质量 1000 左右和 2×10^4～3×10^4 两种。相对分子质量 1000 的麦蛋白水解物易被毛发吸收，且能在发丝表面铺展成膜，在烫发剂中使用，既可保护发丝，又能使发型维持长久；相对分子质量在 2×10^4～3×10^4 之间的麦蛋白水解物吸湿性和保湿性强，也具成膜性，在护肤品中常用作保湿剂，也可作为营养性助剂。

麦蛋白具有良好的发泡力，浓度1.8%时发泡力最佳，有在洗面奶中加入用于发泡和稳泡的报道；麦蛋白还是优秀的乳化剂，0.1%时乳化效果最高，特别是与非离子型表面活性剂配合使用时，制得的乳状液稳定性好。

（三）多糖类

植物多糖透气、吸水，可防止细菌侵袭。近年来，越来越多的植物多糖引起人们注意。目前已发现40多种，包括人参多糖、枸杞多糖、女贞多糖、茶叶多糖等在内的植物多糖物质，这些生物物质在抗老防衰、抗突变、抗辐射、降血脂方面有重要功效。一种非常重要的多糖——透明质酸（HA）是由N-乙酰葡萄糖和糠醛酸为基础形成的，动植物都含有。人们发现HA是人体表皮及真皮组织的主要成分之一，且人体皮肤老化与HA减少有关，无疑含HA的植物化妆品对人体皮肤有益。

1. 麦芽糖醇　属于寡糖类，在天然产物中含量不高，现基本以麦芽糖或葡萄糖为原料进行人工制备。

麦芽糖醇与其他糖类活性成分一样，和皮肤的亲和性好，且可缓解烷基硫酸盐表面活性剂对皮肤的刺激，可用于香波、牙膏及洗面奶等化妆品中。麦芽糖醇在口腔牙垢中基本不被细菌发酵分解，不产生酸性物质，是防龋齿和抗溃疡的甜味剂，在牙膏中可替代糖精来掩盖磨料的苦涩味；在皂中不易析晶影响外观，且成膜性好，可在透明皂或半透明皂中使用。

2. 菊糖　是一种食用多糖，由果糖分子聚合而成，相对分子质量约为5000，为颗粒状晶体，可溶于热水，不溶于冷水和有机溶剂。

菊糖能够稳定乳状液，并有很好的分散性、铺展性和增稠作用；菊糖能够营养肌肤，且能透皮吸收，在粉质类化妆品中使用，能够柔滑肌肤，产生良好的肤感。

菊糖可直接用于各类化妆品，也可制成脂肪酸酯用于化妆品中。

（四）有机酸类

有机酸是含羧基的有机化合物。目前最具利用价值的是广泛存在于水果中的果酸类，α-羟基酸，即AHA（alpha hydroxyl acid），如苹果酸、柠檬酸、乳酸、α-醇酸等，被认为与人体皮肤细胞呼吸代谢中产生的有机酸有许多共同之处，所以很容易为皮肤所吸收，有助于促进皮肤表皮的新陈代谢，使皮肤光滑细腻，达到滋养皮肤、延缓皮肤衰老的目的。

迷迭香酸为芳香族有机酸类成分，存在于许多芳香类植物中，如迷迭香草、紫苏全草等。迷迭香酸可溶于水、甲醇和乙醇。

迷迭香酸可被皮肤吸收，具有抗氧化、抗炎、抑菌以及吸收紫外线的作用。其中抗氧化作用强，抗炎作用是常用抗炎剂的数倍，可作皮肤保护剂。其可广泛用作护肤用品和护发用品中的调理剂，在洁齿类用品中可防止齿斑的形成和积累。

（五）黄酮类

黄酮类化合物广泛存在于植物界，由于其结构的共轭性及苯环上取代基的特点，使得此类化合物作为化妆品功能性原料具有强烈吸收紫外线、抗氧化性、清除氧自由基的特性。

1. 大豆黄素 常见于大豆、广豆根和葛根等多种植物中；为黄色棱柱状结晶，可溶于乙醇，在水中溶解度小，易溶于稀碱溶液；紫外线吸收特征波长为 248nm。

大豆黄素的主要特性：①补充雌激素：大豆黄素具有弱的雌激素样作用，无论口服还是外用，对女性均有补充雌激素的功效，且不会产生任何副作用，可与维生素、胶原蛋白等营养成分合用，广泛用于抗老化的女性化妆品；②抑制黑色素生成：大豆黄素可抑制酪氨酸酶活性，在护肤化妆品中加入 0.02%～0.2% 的大豆黄素，可阻缓黑色素的生成，但若超过此浓度，则对酪氨酸酶具有激活作用；③抑制 5α-还原酶活性，刺激毛发的生长，同时对过敏性皮肤具有一定的舒缓作用。

2. 木犀草素 在植物界广泛分布，为金银花和野菊花的主要功效成分。其一水合物为黄色针状结晶（乙醇），难溶于水，易溶于碱水、乙醇。紫外吸收特征波长为 257nm 和 354nm。

木犀草素在皮肤的渗透能力较强，可达皮肤深层。作为化妆品功能性原料，其主要具有以下作用：①抑菌、抗炎：木犀草素在很低的浓度下即具有抑菌活性；②抑制透明质酸酶活性：与透明质酸同用可延长透明质酸的生理活性，使其更好地发挥保湿作用；③清除氧自由基、吸收紫外线：木犀草素对氧自由基的俘获能力强，同时又具有很强的紫外线吸收功能，因此在肤用化妆品中能消除和抑制色斑的形成，尤宜于老年色斑。另外，指甲油加入少量（0.01%）木犀草素，可使指甲釉面保持光滑。

（六）萜类

萜类成分分布广、种类多，包括单萜类化合物、倍半萜类化合物、二萜类化合物、三萜类化合物及多萜类化合物。

1. 雪松醇 是广泛存在于松科植物中的一类倍半萜类化合物，也存在于春黄菊、茶叶、柠檬、胡椒、生姜等植物的挥发油中，作为香气成分。本品为针状结晶（稀甲醇），熔点 86～87℃。

雪松醇经皮渗透性强，能增加皮肤含水量，与其他活性成分（如脑酰胺等）配合可用于老年化干性皮肤的护理和保湿。雪松醇还能舒缓皮肤的过敏反应，特别对高过敏性皮肤的作用更明显，可用于过敏用皮肤化妆品的配制。雪松醇对黑色素细胞也具有一定的抑制作用。

2. 番茄红素 为存在于番茄、胡萝卜、番红花、金盏花、西瓜及柿子等许多蔬菜水果中的四萜类化合物。它是一种脂溶性不饱和碳氢化合物，通常为深红色粉末或油状液体，纯品为针状深红色晶体，不易溶于水，可溶于丙酮、油脂。

番茄红素具有强大的抗氧化作用，研究表明其抗氧化能力是维生素 E 的 100 倍，能够防止脂类氧化，保护生物膜免受自由基的损伤，从而达到保护容颜、延缓皮肤衰老的作用。

（七）皂苷类

皂苷是广泛存在于植物界的一类特殊苷类，许多中药如人参、远志、桔梗、知母、柴胡等的主要有效成分都是皂苷。

1. 积雪草苷 积雪草酸及积雪草苷（积雪草酸的糖苷）为伞形科植物积雪草 *Centella asiatica*（L.）Urb. 的主要有效成分。积雪草酸为针状结晶，积雪草苷为微小针状结晶。

积雪草酸外用能促进伤口愈合，促使表皮再生。积雪草苷能够有效抑制黑色素形成，可用于美白祛斑化妆品；积雪草苷还具有雌激素样作用，可刺激毛发生长速度，用于发用化妆品中，用量为 0.05% 左右。

2. 柴胡皂苷 是伞形科植物柴胡 *Bupleurum chinense* DC. 和狭叶柴胡 *Bupleurum scorzonerifolium* Willd. 的主要有效成分，为多种皂苷的混合物。可溶于热水和乙醇。

柴胡皂苷经皮渗透性好，在肤用化妆品中，可促进其他成分的透皮吸收，且具有强烈的抗氧化性，又可改善皮肤新陈代谢功能，增加毛细血管通透性，促进细胞增殖，从而达到柔滑粗糙皮肤、防止皮肤老化的效果。柴胡皂苷还可吸收紫外线，抑制黑色素生成，可用于美白祛斑化妆品，用量为 0.1% ～ 1%。此外，柴胡皂苷具有抗炎、抗病毒作用。

三、常见植物提取物

植物提取物指采用适当的溶剂或方法，从植物（植物全部或者某一部分）为原料提取或加工而成的物质，可用于医药行业、食品行业、化妆品行业及其他行业。

1. 库拉索芦荟提取物 是由百合科植物库拉索芦荟 *Aloe vera*（L.）Burm.f. 的叶提取精制而成，主要成分为多糖类、蒽醌类化合物、蛋白质、维生素、矿物质等多种活性成分。

库拉索芦荟提取物具有美容的功效，可有助于修复人体受损组织，迅速排除体内各种毒素，增强机体免疫力，延缓肌肤衰老。库拉索芦荟提取物中的蒽醌类化合物具有使皮肤收敛、柔软化及保湿、消炎、漂白的性能；还有解除硬化、角化、改善伤痕的作用，不仅能改善小皱纹、眼袋、皮肤松弛，还能保持皮肤湿润、娇嫩；同时，其可有助于减少或减缓粉刺的发生，有助于粉刺发生后皮肤的恢复。其对头发也同样有效，能使头发保持湿润光滑，预防脱发。

2. 人参提取物 是从五加科植物人参 *Panax ginseng* C. A. Mey. 的根、茎叶中提取精制而成，其富含十八种人参单体皂苷。

人参提取物在化妆品中主要用作头发调理剂、皮肤调理剂、抗氧化剂。它能延缓皮肤衰老，防止皮肤干燥脱水，增加皮肤的弹性，从而起到保持皮肤光泽柔嫩、减少皮肤皱纹的作用。人参活性物质还具有抑制黑色素的还原性能，使皮肤洁白光滑。人参加在洗发剂中可增加头发的营养，提高头发的韧性，减少脱发、断发，对损伤的头发具有保护作用。

3. 甘草根提取物 是从豆科植物甘草 *Glycyrrhiza uralensis* Fisch. 的根及根茎中提取精制而成。甘草根提取物一般包含甘草甜素、甘草酸、甘草苷、甘草类黄酮、后幕比檀素、刺芒柄花素、槲皮素等。

甘草根提取物在化妆品中主要作为抗氧化剂。甘草根提取物的美白作用主要是通过抑制酪氨酸酶和多巴色素互变酶（TRP–2）的活性、阻碍 5, 6- 二羟基吲哚（DHI）的聚合，以此来阻止黑色素的形成，从而达到美白皮肤的效果。甘草提取物在提高皮肤的活性作用，可用于抗衰化妆品；对一些细菌具有明显的抑制作用，可用作抑菌剂。

4. 马齿苋提取物 是从马齿苋科植物马齿苋 *Portulaca oleracea* L. 的干燥全草提取精制而成，主要成分含去甲肾上腺素、钾盐、二羟基苯乙酸、二羟基苯丙氨酸、苹果酸、柠檬酸、谷氨酸、天冬氨酸、葡萄糖、果糖等，还含 α – 亚麻酸、亚麻酸、亚油酸及棕榈酸等，另含黄酮类、萜类等。

马齿苋提取物在化妆品中起抗菌、抗炎和抗氧化作用，常作皮肤保护剂。马齿苋提取物具有广谱的抗菌性，又有消炎作用；有良好的氧自由基清除能力，因此有明显的抗氧化作用。马齿苋提取物成分适合耐受性皮肤，有良好的皮肤保湿性。

5. 黄芩提取物 是从唇形科植物黄芩 *Scutellaria baicalensis* Georgi 的根经提取干燥制得的淡黄色粉末，主要成分为黄芩苷，在化妆品领域应用极其广泛。

黄芩提取物对多种皮肤致病性真菌均有抑制作用，并有抗炎、抗变态反应作用。黄芩苷可以吸收紫外线，清除氧自由基，抑制黑色素的生成，让肌肤干净平滑，对于已晒伤的皮肤，有一定修复作用。基于黄芩提取物的护肤药理，在医学护肤品中常常添加于软膜粉作面膜用，具有美白、祛斑和祛痘的功效，或按一定的比例添加到美白化妆品、祛痘产品、防晒产品中。其具清除自由基的作用，有助于增加皮肤弹性和抗皱的作用，可用于抗衰化妆品；另外，黄芩提取物还可用作皮肤保护剂和保湿剂。

6. 金缕梅提取物 是从原生于北美的金缕梅科植物金缕梅 *Hamamelis mollis* Oliv. 的树皮和枝叶提取精制而成，主要成分是单宁、黄酮类、没食子酸、儿茶素和挥发油。

金缕梅提取物具有抗氧化、抗炎、防敏舒缓和收敛的作用，常作皮肤保护剂。金缕梅提取物能够活化细胞芳香化酶和组织蛋白酶以提高皮层局部雌激素水平，有助于增强皮肤细胞新陈代谢，起抗衰作用，可维持皮肤弹性和良好的持水能力。此外还对粉刺有改善效果。

7. 何首乌提取物 为蓼科植物何首乌 *Pleuropterus multiflorus*（Thunb.）Nakai 的干燥块根提取精制而成，主要功能成分是卵磷脂、大黄素、大黄酸和大黄酚等。

何首乌提取物的主要作用是抗衰老，何首乌延缓衰老与抗氧化作用有关。因为脂质过氧化的生成和沉积可以引起一系列衰老症状，何首乌提取物对皮肤脂质过氧化物的生成具有非常明显的抑制效果，可作为抗衰老化妆品的添加剂。何首乌是传统的美发良品，其性温，能够滋养头发，赋予头发深层营养，使头发乌黑亮丽，"首乌"的名字就是由此而来。

第四章　植物化妆品开发流程　▷▷▷▷

植物化妆品开发流程主要为针对不同皮肤存在的美容问题进行机理分析，明确引起的原因及产生的原理，从而提出健康护理方案，根据该方案寻找合适的功效成分，通过科学配伍制备得到化妆品，同时进行产品安全功效等评价，以保证产品质量符合相关法规要求。当然植物化妆品的研发不单纯是设计一个可用产品，前期还需考虑产品的市场需求、包装设计及成本控制等，以及后期市场推广渠道等，另外还要特别突出植物原料的创新利用，对各个环节进行有规划的设计，最后才可能形成一个或一系列优秀的产品。

一、确定开发目标

确定开发目标是植物化妆品开发流程中最为关键的环节，它决定企业产品开发的方向、战略和主题。在开发一个产品之前，首先要以顾客需求为焦点，明确开发方向与开发目标。目前化妆品开发方向与目标一般是经过对国内外化妆品领域的前沿进展进行调研及广泛的市场调查，了解消费者的需求、社会流行热点及目前国内化妆品消费需求，锁定初步的开发方向，明确开发目标。另外，开发植物化妆品还需要关注以下问题：切实的功效性（一定程度的效果）；体现中草药的特色；理论依据和功效的证明（采用现代的科学方法，数据化，具有直观性，能够让消费者理解和接受）；消费者心理分析和消费者教育（发掘被掩盖的消费者需求）；与中草药相关的配套服务（与中医、中药相关的使用指导）；合理的生产成本和定价（商品化的重要因素）。

该阶段的主要任务是调查、收集情报，分析对比，技术预测，创意设想，方案论证，形成初步的目标开发方案等，也可形成具体的项目方案。在此基础上进一步细化开发目标信息，明确开发目标产品的相关要求。开发目标信息要求包括市场信息要求和产品信息，其中市场信息要求要考虑到产品卖点、价格定位、销售区域、目标人群和市场其他要求，产品信息包括产品剂型、产品外观色泽要求、产品其他技术标准、产品原料成品、产品包装容器、产品功效要求、产品技术的其他要求。

二、产品研发

根据产品研发需要选定开发方案，创新、构思新产品的具体设计方案，进行试制，拿出样品，鉴定评估。具体的产品研发过程可分为配方研发、稳定性测试、安全性测试、功效性测试、感官评价等几大步骤。

1. 配方研发　化妆品配方研发即为根据产品的性能要求和工艺条件，通过试验、优化、评价，合理地选用原料，并确定各种原料的用量配比关系。

（1）配方设计　化妆品的配方设计应满足以下基本原则：

①符合法规：配方符合国家对于化妆品的相关法规规定。

②安全性高：为遵循我国化妆品卫生法规，在配方设计选择原料时不选用化妆品禁用原料，选用限用原料时要遵守其用量规定，保证化妆品的安全、无刺激。

③稳定性好：为保证化妆品产品的稳定性，我国上市的化妆品均列有稳定性检测方法和指标（耐热、耐寒和离心试验）。在配方的设计及实验阶段，还可对试样进行强化的稳定性试验，以判断其稳定性，保证化妆品在货架期的稳定性。

④功效性确切：在配方设计中添加适量的功效成分，使化妆品具有其特定的功效，如清洁、保湿、补水、抗皱、美白等，以达到产品预期的效果。其中，产品中的植物原料要用合适的方法提取、分离有效成分，以下几点值得注意：去除影响产品安全性、稳定性、色泽、气味、使用性能的杂质，取其精华、弃其糟粕；对有效成分进行分离和功效性检测，确定有效成分；多种有效成分的合理配伍，达到最大的效果；通过浓度、效果曲线确定最适合的产品中用量；从经济性和质量两个方面确定最合理的有效成分纯度。

⑤感官效果佳：外观时尚，产品的气味、外观、状态满足消费者的需求（时尚）。要求一款好的产品看起来要赏心悦目，用起来要感觉良好、效果明显，所以设计的产品要考虑得全面些。

⑥配伍性强：化妆品是由许多组分经过适当的工艺混合复配而成的产品，成分越多的护肤品，对配伍性的要求越高；验证配方是否合理，看组分间是否相互发生化学反应，能否起协同作用。

⑦成本低：在设计化妆品配方时，必须根据配方中各组分的价格对该配方的成本进行核算，通过对配方的调整，以求得用低价位的成本，配制出高性能的产品。

植物化妆品开发除了满足以上基本原则，还应考虑植物组分与基础配方的兼容性，以最大程度发挥植物组分的预期作用和减少如颜色、气味等可能带来的影响。

（2）配方结构　化妆品配方结构分为七个模块，包括乳化体系、增稠体系、抗氧化体系、防腐体系、感官修饰体系、功效体系和安全保障体系。不同剂型的化妆品配方由七个模块中的部分或全部组成。对于不同剂型和特点的产品，要求的模块有所不同。膏霜和乳液要求七个模块皆要考虑，而水剂体系不用考虑乳化体系和增稠体系。通过模块设计找原料，通过模块来分析，可以更快发现和解决问题。

①乳化体系是以乳化剂、油脂原料和基础水相原料为主体，构成乳化型产品的基本框架，其设计是否合理，直接影响产品的稳定性。这一模块构成膏霜和乳液的基质主体，膏霜和乳液的外观及稳定性均由其决定。该模块也是化妆品科学研究的主要内容。

②增稠体系以增稠剂和黏度调节剂原料为主体，以调节产品黏度为目的，其设计是否合理直接影响产品的外观效果。

③抗氧化体系以抗氧化剂原料为主体，以防止产品中易氧化原料的变质，延长产品

的保质期。

④防腐体系以防腐剂原料为主体，以防止产品微生物污染和产品二次污染而引起产品变质，延长产品的保质期。

⑤感官修饰体系以香精和色素原料为主体，以改善产品感官特性，提高产品的外观吸引力，给消费者以感官享受，激发消费者的购买欲望。

⑥功效体系以功效添加剂原料为主体，以达到设计产品功效为目的，其设计是否合理直接影响产品的使用效果，通过产品功效评价结果表现。

⑦安全保障体系以抗敏原料为主体，可降低消费者使用风险，对配方安全性具有重大意义。

除此之外，化妆品配方设计还要考虑配方在实际生产过程中的可行性，尽量使生产操作便捷。同时也要控制配方的成本，目前常以产品的成分价格与性能的比值大小作为评估化妆品产品配方水平的指标，成分价格与性能的比值越小，即该产品的成本越低，而产品的性能越优，表明该产品的配方设计水平越高。因此，在设计化妆品配方时，必须根据配方中各组分的价格对该配方的成分进行核算，通过对配方的进一步修正改进，以求得用低价位的成本，配制出高性能的产品。

2. 配方测试与评价　当配方样品做好后，需通过一系列的测试与评价来检验设计的产品是否达到要求，包括稳定性测试、安全性测试、功效性测试、感官评价等。评价的要求一般要严于国家相关标准，评价内容如下。

（1）感官评价　主要内容包括外观、香气、色泽、涂展性。

（2）理化指标评价　主要内容包括耐寒耐热试验、pH 值、黏度、离心试验、微观结构图片。

（3）稳定性测试　主要内容包括冷热循环 7 周次试验、外观稳定性、理化指标稳定性、活性成分稳定性和微观结构稳定性。

（4）卫生指标评价　主要内容包括防腐挑战试验、重金属测试。

（5）安全性测试　主要内容包括毒理学评价、人体斑贴试验。

（6）功效性测试　主要内容包括生化水平、细胞水平、人体功效评价。

需强调的是，开发植物化妆品特别是功效植物化妆品，安全性至关重要。在对植物安全性的研究中可以发现，植物的风险物质主要分为两类，一类是来源于植物本身的风险物质，包括银杏酸等天然形成的有毒物质；另一类是来源于植物应用过程的风险物质，如种植中吸收的农药残留物和重金属，提取中携带的有机溶剂等。对于同一品种植物，根据提取部位、采摘季节不同，所引入的风险物质也具有差异性。这要求企业在功效成分研发过程中，对种类多样的风险物质建立完善的识别手段，除了常规的动物、替代毒理试验方法以外，还需针对敏感肌肤等特殊人群进行风险评估，而且尽可能对风险成分在皮肤中的渗透性进行评估，达到"知己知彼"，才能对安全性进行严格把控。

3. 祛痘化妆品研发流程示例

（1）明确皮肤的粉刺现状　在植物化妆品研发过程中，第一步需要明确的是要解决的问题是什么，该研发项目是要如何有助于减少或减缓粉刺的发生或皮肤的恢复。这样才能够使整个研发过程都围绕问题来进行，从而不会偏离轨道，以达到研发目的。

（2）分析粉刺发生的机理　粉刺的发生主要与皮脂分泌过多、毛囊皮脂腺导管堵塞、细菌感染、炎症反应及角质过度增生等因素密切相关。进入青春期后人体内雄激素特别是睾酮的水平迅速升高，促进皮脂腺发育并产生大量皮脂，若油脂不能及时排出而堵塞毛孔，则使厌氧菌、痤疮丙酸杆菌大量增殖破坏表皮细胞而引发炎症反应，同时产生角质过度增生现象。

（3）寻找解决的方法　通过对皮肤粉刺生成的机理进行分析，从而得出抗粉刺的"法"——抑制皮脂分泌，抗痤疮致病菌，消炎，去角质。祛痘化妆品为有助于减少或减缓粉刺（含黑头或白头）发生的产品，但有助于粉刺发生后皮肤的恢复的，或通过调节激素作用的，或单纯通过杀菌、消炎达到祛痘目的的产品，不属于化妆品。因此单纯从杀菌、消炎方法研究祛痘的方法是不可取的。

（4）确定产品方案　对皮肤粉刺机理进行分析后，形成预防皮肤粉刺的"法"，根据预防皮肤粉刺的指导方法，建立预防皮肤粉刺的具体方案：抑制皮脂分泌——添加抑制皮脂分泌的化妆品原料；抗痤疮致病菌、消炎——使用清热解毒类抗炎功效植物原料；去角质——使用果酸、β-羟基酸（BHA，水杨酸）等去角质添加成分，减轻毛囊角化现象。经过以上剖析，根据预防皮肤粉刺的具体方案，通过各种途径寻找符合"方"的具体植物原料。

（5）确定配方工艺　确定植物原料后需要根据植物原料中功效成分的不同对其配方工艺进行探索，从而确定最佳制备工艺，并获得工艺优化后的产品。

（6）功效验证　是否真正有效还需要经过科学的试验对其功效进行验证。祛痘产品常用的功效检测方法是抑菌试验测定、皮脂分泌测定、水分经皮肤散失、图像分析测定方法。这里需要强调的是，对于化妆功效体系的设计是依据最初设计化妆品所针对皮肤粉刺生成的"症"出发，来验证产品在导入市场后，是否可以针对性地解决皮肤问题，如继续深入研究其功效作用机理，可以在基础科研方向继续深入。

（7）产品评价　除了前述的功效性测试之外，还包括稳定性测试、安全性测试、感官评价等。应强调的是，产品安全性评价是产品投入市场前的关键环节。

三、产品试销、改进

产品正式销售之前，有必要对其做一系列的包装并进行试销，以了解目标市场上的消费者、经销商对处理、使用、再购买实际产品将如何反应，以及市场究竟有多大，从而为制定产品营销方案提供客观依据。

进行产品试销的真正目的主要有两个：掌握目标市场上需要产品的可靠数量；掌握有益于修订和完善市场营销计划的诊断性信息。

第一，制定试销计划是至关重要的。试销计划应该包括定位目标客户、试销时间和地点，以及试销方式。要确保试销的时间和地点适合目标客户的工作和生活模式，以最大程度地吸引目标客户的兴趣。

第二，制定试销预算。试销预算应包括制作试销样品、雇佣试销人员以及租用试销场地等费用。根据预算制定试销计划，并确保在预算范围内操作。

第三，准备试销样品。试销样品应是新产品的代表，并应在试销期间让潜在客户免费测试。试销样品应该经过精心设计，以向目标客户清晰地展示新产品的特点和优点。

第四，确定试销团队。试销团队应该由富有经验的销售代表组成，他们要对新产品了解得非常透彻，能够向消费者详细解释产品的优点和使用方法。

第五，在试销期间，通过社交媒体、电视广告、宣传册和试销人员等多种方式将新产品推向公众，以吸引更多的消费者购买。

化妆品新产品试销方案可以帮助公司在市场上推广新产品、吸引新客户并提高品牌知名度。在实施试销方案时，必须制定详细的计划和预算，准备好试销样品并组建试销团队，同时开展全面的宣传和销售工作，以最大程度地推广新产品。此外，企业能在更加真实的市场环境中对产品及其营销方案进行测试。在市场运营中，可以检验产品和整个营销计划，即目标定位策略、广告策略、分销策略、定价策略、品牌策略、包装策略以及预算水平，并根据市场测试结果确认产品的市场策略。

四、产品投入市场

产品研发完成后可将其引入市场，尽快形成商品化生产能力，提高市场占有率。生产上需要确定最大利润、产量和价格，建立有关生产管理制度和系统。销售上要展开有效的推销计划，开拓新市场，主要力量用在宣传新产品用途及特点上。投入市场后还要持续跟踪消费者对该款产品的评价，了解是否存在不良反应，是否符合消费者需求，如何更好地升级改造等问题，使产品在其生命周期内能够稳定运转。

还需对上市后产品的安全性进行监测、记录和归档。包括正常使用和不当使用时发生的不良反应，消费者投诉以及后续随访等。如上市产品出现下列情况，需重新评估产品的安全性：

（1）上市产品所用原料在毒理学上有新的发现，且会影响现有风险评估结果的。

（2）上市产品的原料规格发生足以引起现有安全评估结果变化的。

（3）上市产品不良反应出现连续、呈明显增加趋势，或出现了严重产品不良反应的。

（4）其他影响产品质量安全的情况。

第五章 各类植物化妆品设计要点 ▷▷▷▷

植物化妆品设计离不开各类化妆品的设计原则和基本架构，植物化妆品多在各类化妆品的基本架构基础上加入体现功能性成分特点的化妆品植物原料，因此化妆品的基本架构可看作植物化妆品的基底。本章节主要通过介绍各类化妆品基本架构的一些案例，使大家对植物化妆品的开发有一个基础认知。植物化妆品设计可在各类化妆品的基本架构上，根据需求融入各种植物原料，通过调整配伍研发出目标植物化妆品。

第一节 皮肤用化妆品

皮肤用化妆品主要是为了保护皮肤健康所使用，有助于缓和内因（清洁皮肤、调节与补充皮肤的油脂），使皮肤表面保持适量的水分，并通过皮肤表面吸收适量的滋润剂，保护皮肤和营养皮肤，有助于改善皮肤活力，或起到美化修饰皮肤的作用。肤用化妆品是化妆品工业中发展最迅速的部分，也是化妆品中最重要的一类。按其主要作用，可分为洁肤、护肤、养肤和美化化妆品，有的肤用化妆品可同时具有两种或多种作用。

一、洁肤类化妆品

皮肤污垢是黏附在皮肤上的脏污，容易造成皮肤的毛孔堵塞，影响皮肤的功能发挥，严重时会导致一系列的皮肤疾病。皮肤清洁类化妆品主要用于去除生理性污垢与外源性污垢。

（1）生理性污垢 由人体产生、分泌或排泄的代谢产物，如油脂、汗液、老化脱落的细胞等。其中油脂主要为皮脂腺分泌的皮脂，主要含有蜡脂、甘油三酸酯、游离脂肪酸等。

（2）外源性污垢 微生物、环境污物、化妆品或外用药物的残留物等。

皮肤清洁类化妆品就是一类能够去除污垢、洁净皮肤而又不会刺激皮肤的化妆品，其目的是有助于保护皮肤的卫生健康，维护皮肤正常生理状态。它已成为人类生活中不可缺少的必需品。

皮肤清洁类化妆品清洁原理大体可分为两种类型，一种是以皂基或者其他表面活性剂为主体的表面活性剂型，利用其非极性基团与油溶性污垢结合，极性基团溶于水的特点，达到去污作用（图5-1）；另一种是以油性成分为主的溶剂型，通过相似相溶原理达到去污作用。

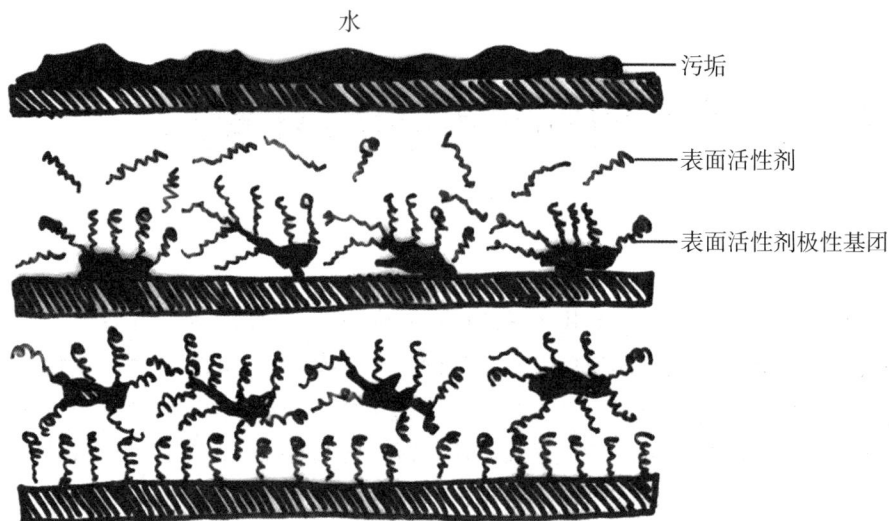

图 5-1 表面活性剂型产品去污作用机理

表面活性剂型产品是以混杂着油污和水溶性污垢等一般污垢为清洗对象，使用范围很广，由于脱脂力较强，适用于油性皮肤。溶剂型产品适用于去除油性的污物，如美容化妆后的卸妆或清除皮肤毛孔的油性分泌物残留物等，在洗净过程不发生脱脂作用，适用于干性皮肤。不起泡的 O/W 型洗面膏霜和乳液介乎两种类型之间，因此颇受消费者欢迎。

洁肤化妆品的主要品种有清洁霜、洗面奶、磨砂膏、磨面乳液、去死皮膏、沐浴用品。

（一）清洁霜

清洁霜又称洁肤霜，是一种半固体膏状的洁肤化妆品，兼有护肤的作用。常用于使用化妆品后和油脂过多时的皮肤清洁。

清洁霜的主要作用是清除皮肤上的积聚异物，如皮屑、油污、化妆品残留物等，特别是皮肤上的化妆品残留油性成分及油性污垢。使用清洁霜，除了利用表面活性剂的润湿、渗透、乳化作用进行去污外，还同时利用产品中的油性成分（白油、凡士林）作为溶剂，对皮肤上的污垢、油彩、色素等进行浸透和溶解，尤其利于清除藏于毛孔深处的油污。清洁霜的洁净作用多是综合去污作用，故其洁肤效果优于香皂，适宜化妆后卸妆。

清洁霜的配方组成一般包括油质原料、乳化剂、水等化妆品原料。水是一种优良的清洁剂，能从皮肤表面移除水溶性污垢。皮肤通常带负电荷，许多尘粒包括细菌也带负电荷，在水中这些微粒与皮肤相斥而被去除，但水对皮肤的清洁效能是有限的。皂基型清洁霜中乳化剂为脂肪酸皂，能使油污在水中乳化而被去除，但脱脂力强，对皮肤刺激性较大；非皂基型清洁霜的乳化剂常选用非离子表面活性剂。用油质原料去除油污是基于它对油污的溶解性，其中矿物油对油污的溶解性能很好，但会产生油腻感，羊毛脂、植物油等具有润肤作用，并具溶剂及去污作用。

清洁霜分为无水型清洁霜（又称免洗型清洁霜）、乳化型清洁霜等。乳化型清洁霜又分为 W/O 型、O/W 型清洁霜。可根据需要选择不同乳化剂型清洁霜，如戏剧妆或浓妆，多为油性化妆品，卸妆时多选用 W/O 型清洁霜，主要是为了使油性化妆成分从皮肤表面清除；对于一般淡妆，则选用清洁力弱但使用后感觉爽滑的 O/W 型清洁霜。

1. 无水型清洁霜 是一类全油性组分混合而制成的产品，可用手指将清洁霜均匀地涂抹于面部，涂抹时施以适度按摩，随皮肤温度而触变液化流动，将皮肤上的油性污垢、需卸去的妆后残留、皮屑及其他异物等溶入清洁霜，随后即用软纸、毛巾或其他易吸收的柔软织物将清洁霜擦去。洁净后的面部皮肤感觉光滑、滋润、舒适。

制法：卸妆油（膏）的制法简单，将配方中的蜡、凡士林及油等组分混合（除香精外）加热（约 90℃）熔解，在搅拌下冷却，至 45℃时加入香精，混合均匀后即可灌装。见表 5-1、表 5-2。

表 5-1　配方 1（卸妆油）

组　分	重量（%）
石蜡	10.0
凡士林	20.0
鲸蜡醇	6.0
白油	58.0
肉豆蔻酸异丙酯	6.0
防腐剂	适量
香精	适量

表 5-2　配方 2（卸妆膏）

组　分	重量（%）
石蜡	15.0
微晶蜡	8.0
凡士林	30.0
白油	45.0
甲基硅氧烷	2.0
防腐剂	适量
香精	适量

2. W/O 型清洁霜 根据乳化方式的不同，W/O 型清洁霜可以分为反应式（反应式乳化和混用式乳化）乳化体系和非反应式乳化体系。

（1）反应式乳化体系　蜂蜡-硼砂乳化体系是典型的也是传统的皂基型乳化体系，皂基型乳化方式是通过脂肪酸和碱中和反应生成脂肪酸皂作为乳化剂起到乳化作用，故称为反应式乳化。这也是制造肥皂的机理，又叫皂基型乳化。蜂蜡-硼砂乳化体系是通过蜂蜡中的二十六酸（蜡酸）与硼砂反应生成的蜡酸皂作为主要的乳化剂。但由于制得的膏霜或乳液无光泽、微粒粗大、稳定性差，这种乳化方式早已几乎不被采用。蜂蜡-硼砂乳化体系可单独使用，也可与其他乳化剂配合使用，此时的乳化方式为混用式乳化。2021 年我国已将硼砂列为化妆品禁用原料，因此蜂蜡-硼砂乳化体系已成为历史。

（2）非反应式乳化体系　这类膏霜乳化体形成过程中不发生化学反应，乳化是通过直接加入表面活性剂实现的。现多采用非离子表面活性剂作为主乳化剂制备 W/O 型清洁霜，有时也会添加少量的蜂蜡作为稠度调节剂。非反应式乳化方式是目前制备化妆品乳膏的主要制备方式。

制法：将油相组分（蜂蜡、石蜡、凡士林、白油、失水山梨醇油酸酯）置于油相锅内，加热至 90℃灭菌且熔化，将水相组分（去离子水、吐温-80）置于另一锅内加热至相同温度，然后降温至 80℃，将水相缓缓加入油相内，由均质乳化机搅拌达到均质乳化，继续搅拌冷却至 45℃，加入防腐剂和香精。见表 5-3。

表 5-3　配方 3　（非反应式乳化体系）

组　分	重量（％）
蜂蜡	3.0
石蜡	10.0
凡士林	15.0
白油	41.0
失水山梨醇油酸酯	4.2
吐温-80	0.8
防腐剂	适量
香精	适量
去离子水	加至 100.0

3. O/W 型清洁霜　是一类含油量中等轻型的洁肤制品，油腻感小，是目前较为流行的一类清洁霜，适于油性皮肤者使用。根据乳化方式的不同，此类清洁霜也可以分为反应式（反应式乳化和混用式乳化）乳化体系和非反应式乳化体系。

（1）反应式乳化体系　高级脂肪酸-碱反应式乳化体系是目前比较流行的 O/W 型清洁霜，以脂肪酸和碱中和生成脂肪酸皂作为主乳化剂，采用转向乳化法制得。该产品为皂基型清洁霜。转向乳化法是指制造 O/W 膏霜和乳液时，向油相中缓缓地添加水相，最初生成的 W/O 形态，随水相增加转变成 O/W 型的方法。单一的皂基乳化普遍存在膏体不稳定等许多缺点，因此逐渐被混用式乳化体系（添加其他类型表面活性剂作辅助乳化）和采用以其他表面活性剂为主的非反应式乳化方式所替代。

制法：硬脂酸与三乙醇胺中和反应生成硬脂酸皂作为乳化体系。与前文 W/O 型清洁霜中非反应式乳化体系的制法类同。即将配方原料分别制作油相组（硬脂酸、白油）、水相组（海藻酸钠、三乙醇胺、甘油、去离子水），并将油相组、水相组搅拌、混合、均质乳化，冷却后，加入防腐剂和香精。见表 5-4。

表5-4 配方4 反应式乳化体系（硬脂酸－三乙醇胺乳化体系）

组 分	重量（%）
硬脂酸	13.5
白油	29.0
海藻酸钠	1.8
三乙醇胺	1.8
甘油	2.0
防腐剂	适量
香精	适量
去离子水	加至 100.0

（2）非反应式乳化体系

配方原理：吐温-20 作为水包油（O/W）型乳化剂。

制法：与前反应式清洁霜的制法相同。见表 5-5。

表5-5 配方5 （非反应式乳化体系）

组 分	重量（%）
蜂蜡	6.0
凡士林	18.0
白油	30.0
十六醇	2.0
单硬脂酸甘油酯	2.0
吐温-20	3.0
甘油	6.0
防腐剂	适量
香精	适量
去离子水	加至 100.0

（二）洗面奶

洗面奶又称为清洁乳液，它的去污原理与清洁霜类同，其一是以所含的表面活性剂的润湿、渗透、乳化作用而除去皮肤上的污垢；其二是洗面奶以所含的油性组分作为溶剂，溶解皮肤中的油污及化妆品残迹等。现在人们普遍使用的洗面奶通常介于两者之间，单纯产生一种作用的洁面产品已逐渐退出市场。

1. 普通洗面奶　根据乳化方式不同，普通洗面奶分为皂基洗面奶、混合式洗面奶和非反应式洗面奶。

（1）皂基洗面奶　具有丰富的泡沫、优良的洗涤力，在配方中加入适量软化剂和保湿剂后，使用起来没有肥皂的"紧绷感"，而具有良好的润湿感。其配方中应含有以下几种成分：

①皂类：由高级脂肪酸与碱发生中和反应制得。皂类使洗面奶具有较强的去污性和丰富的泡沫。高级脂肪酸可选用 $C_{12} \sim C_{18}$ 脂肪酸、油酸、异硬脂酸、动植物油脂脂肪酸；可用来皂化的碱有氢氧化钠、氢氧化钾、三乙醇胺。

②其他表面活性剂：在配方中起到进一步清洁皮肤和助乳化作用。可供选择的品种为氨基酸类表面活性剂、甘油脂肪酸酯、POE 烷基醚、POE 烷醚磷酸盐、N- 酰基 -N- 甲基牛磺酸盐等。

③软化剂：将皮肤和毛孔中的污垢乳化或溶解，并可营养皮肤。洁肤后在皮肤上形成一层薄的护肤膜，防止皮肤过分脱脂。可选用的软化剂有脂肪酸、高级醇、羊毛脂衍生物、蜂蜡、橄榄油、椰子油、霍霍巴油等。

④保湿剂：对皮肤起保湿、柔软、润滑作用，叮选用各种类型的保湿剂，较常用的是甘油、丙二醇等。

⑤金属螯合剂：螯合剂中的金属离子，多选用乙二胺四乙酸（EDTA）及其盐、六偏磷酸钠。

⑥防腐剂、香精：防止细菌滋生，给产品赋香。

⑦其他辅助成分和功效成分：可根据设计需要加入其他辅助成分和功效成分，如美白洗面奶可加入植物美白成分等。洗面奶、洗发水等即淋洗型产品因在使用过程接触皮肤时间较短，植物功效性成分在其中真正达到预期目的的经典配方并不常见，有待于今后进一步探讨，故在本章节配方中没添加相关功效成分。

⑧去离子水：保持和补充角质层（皮肤最外层）中的水分，溶解水溶性污垢，赋予洗面奶以乳液的形态。

制法：在油相罐中加入硬脂酸、棕榈酸、椰子油、甘油单硬脂酸酯及防腐剂，加热搅拌至 70℃，经过滤器抽至乳化罐中并保持其温度在 70℃，将预先在水相罐中溶解了氢氧化钾的去离子水经过滤器抽至乳化罐，并保持 70℃进行中和反应。加入其他原料，搅拌混合，抽真空、脱泡，冷却，根据所要求的硬度，选择冷却条件（表 5-6）。

表 5-6　配方 1 （皂基乳化方式）

组　分	重量（%）
硬脂酸	10.0
氢氧化钾	4.0
棕榈酸	10.0
椰子油	2.0
甘油	10.0
甘油单硬脂酸酯	2.0
N- 酰基 -N- 甲基牛磺酸盐	2.0
EDTA-Na$_2$	适量
防腐剂	适量
香精	适量
去离子水	加至 100.0

（2）非反应式洗面奶　具有良好的去污效果。由于其性质温和，对皮肤刺激性小，有油性但无油腻感，使用后有清爽、湿润的感觉，尤其适宜混合性和干性皮肤者使用。通常选用非离子表面活性剂作为乳化剂，包括脂肪酸甘油酯、脂肪酸聚乙二醇酯、PEG 羊毛脂、司盘系列和吐温系列、甲基葡萄糖脂肪酸酯、脂肪醇聚醚等。

制法：其生产工艺与前面清洁霜的制法类同（表 5-7）。

表 5-7　配方 2 （非反应乳化方式）

组　分	重量（%）
白油	20.0
辛酸 / 癸酸甘油酯	8.0
单硬脂酸甘油酯	3.0
聚乙二醇椰油甘油酯	3.0
丙二醇	4.0
防腐剂	适量
香精	适量
去离子水	加至 100.0

（3）混用式洗面奶　制法：与皂基型洗面奶相似（表 5-8）。

表 5-8　配方 3 （混用式体系 O/W 型）

组　分	重量（%）
白油	35.0
硬脂酸	5.0
十六醇	2.0
吐温 -60	2.0
三乙醇胺	1.0
甘油	2.0
防腐剂	适量
香精	适量
去离子水	加至 100.0

2. 泡沫型洗面奶　对于消费者来说，清洁化妆品的发泡性能是该产品的重要感觉指标，多数消费者喜欢具有良好发泡性能的洁肤化妆品。目前市场上流行的具有良好发泡能力的洗面奶多选用具有良好发泡性和低刺激性的 AES、椰油脂肪醇羟乙基磺酸钠及月桂醇醚琥珀酸酯磺酸二钠盐等阴离子表面活性剂和温的的椰油酰胺丙基甜菜碱、磺基甜菜碱等两性表面活性剂。

制法：先将黄原胶和丙二醇加入水中混溶，搅拌使之完全溶解，再加入表面活性剂后搅拌加热至 80℃，再冷却至 50℃时加入防腐剂、香精和乳化硅油，40℃即可出料（表5-9）。

表 5-9　配方 4 （泡沫型洗面奶）

组　分	重量（%）
黄原胶	0.5
月桂酰肌氨酸钠	16.0
十二烷基二甲基甜菜碱	4.8
十二烷基二甲基氧化胺	2.2
丙二醇	5.5
乳化硅油	2.0
防腐剂	适量
香精	适量
去离子水	加至 100.0

3. 温和表面活性剂型洗面奶 温和表面活性剂型洗面奶的配方中，含有的表面活性剂起到洁肤、起泡的作用，同时将水相与油相乳化成为一相。常用的表面活性剂有烷基磷酸酯及其盐类、N- 酰基谷氨酸、N- 酰基肌氨酸、N- 酰基 -N- 甲基牛磺酸盐、烷基糖苷、椰油两性醋酸钠、椰油两性丙酸钠等。其他成分同皂基洗面奶。

制法：将保湿剂（甘油、山梨醇、PEG-10 甲基葡萄糖苷）加入水中溶解，再加 N- 酰基谷氨酸钠，注意此加入过程应缓慢进行，以免产生大的不溶块。然后在水相中加入 EDTA-Na$_4$，加热至 60 ～ 65℃搅拌溶解。在油相罐中加入霍霍巴油、羊毛醇、N- 酰基 -N- 甲基牛磺酸盐、POE-POP 嵌段共聚物、POE（15）油醇醚、防腐剂，加热，搅拌。分别将水相、油相经过滤器抽至乳化罐，搅拌混合，加入香精，充分混合后脱气、降温（表 5-10）。

表 5-10 配方 5 （温和表面活性剂型洗面奶）

组　分	重量（%）
霍霍巴油	2.0
羊毛醇	1.0
N- 酰基 -N- 甲基牛磺酸盐	5.0
POE-POP 嵌段共聚物	5.0
POE（15）油醇醚	3.0
N- 酰基谷氨酸钠	18.0
甘油	8.0
山梨醇	3.0
PEG-10 甲基葡萄糖苷	12.0
EDTA-Na$_4$	适量
防腐剂	适量
香精	适量
去离子水	加至 100.0

4. 凝胶型洗面奶 俗名为啫喱型洁面乳，主要指含有胶黏质或类胶黏质、呈透明或半透明的产品。透明凝胶状产品具有诱人的外观，如配方合适，单相凝胶体系具有较高的稳定性，且一般认为与其他剂型产品比较，凝胶易被皮肤吸收。

制法：先将 Carbopol 934 树脂均匀分散于水中（可加入色素同时分散），加入三乙醇胺进行中和，再加热到 70℃，同时将白油、单硬脂酸聚乙二醇（600）酯及三异丙醇胺混合加热至 70℃使其混溶，后加至树脂溶液中，同时进行激烈的搅拌，待混合均匀后，冷却至 50℃时加入防腐剂、香精，搅拌至室温即得（表 5-11）。

表 5-11　配方 6 （凝胶型洗面奶）

组　分	重量（％）
白油	25.0
单硬脂酸聚乙二醇（600）酯	10.0
三异丙醇胺	1.0
Carbopol 934	0.5
三乙醇胺	0.5
色素	适量
防腐剂	适量
香精	适量
去离子水	加至 100.0

（三）磨砂膏

　　磨砂膏是一类含有微小颗粒的磨面清洁膏霜，一般为 O/W 型的乳液或温和浆状物。磨砂膏通过微细颗粒与皮肤表面的摩擦作用，促进血液循环，舒展皮肤的细小皱纹，兼有去角质作用，达到皮肤亮泽光滑作用，同时能有效清除皮肤的污垢。但应注意，过度摩擦会造成刺激作用。磨砂膏可以说是集洁肤、护肤与美容于一体的新型化妆品。

　　磨砂膏一般较适宜皮肤粗糙者，对于油性皮肤，由于油脂分泌旺盛，可每周使用磨砂膏 2 ～ 3 次，每次 10 分钟；对于中性皮肤，每周可使用 1 次，每次约 8 分钟；而对于干性皮肤，磨砂膏使用次数及时间应相应减少，每月用 1 次即可。每次用完后，应用清水将皮肤冲洗干净，擦干后可涂抹润肤膏霜（或乳液）。当皮肤有损伤或炎症时，应禁用磨砂膏，以防感染；对于过敏性皮肤，应慎用磨砂膏。

　　磨砂膏是由膏霜的基质原料和磨砂剂组成。磨砂剂是磨砂膏中的特效组分，磨砂剂的选择在磨砂膏的制备中很重要，要选择比重较轻（0.92 ～ 0.96）、有适当粒度（一般在 100 ～ 1000μm，最佳粒度为 250 ～ 500μm）、一定形状（球形）和硬度者。在使用其进行按摩时磨砂微粒要呈滚动式，要有舒适感，对皮肤的刺激要小，而且必须具有安全性、稳定性和有效性。常用磨砂剂有天然磨砂剂，如天然植物果核（杏核粉、桃核粉等）和天然矿物粉末（硅石、方解石、磷酸三钙、滑石粉等）；合成磨砂剂如聚乙烯、聚苯乙烯、聚酰胺树脂、尼龙等高分子聚合物。其中微孔磨砂剂为弹性微球状的多孔高分子聚合物，可将维生素、氨基酸等营养物质吸附其中，洗面时通过与皮肤的摩擦接触，在将皮肤污物及代谢物吸附去除的同时，可释放出其孔穴中的内容物使皮肤吸收。

　　磨砂膏进行试制时，产品的稳定性是很重要的，要进行耐热、耐寒试验，还要进行离心试验，在转速为 4000 r/min，离心半小时后观察磨面膏有无分层现象及磨砂剂有无析出现象；还可用显微镜观察产品微粒的粒度分布，从这些试验结果确定磨砂剂的最佳选择。

制法：分别混合油相（白油、硅油、乙酰化羊毛脂、十六醇、硬脂酸、单硬脂酸甘油酯和司盘 –60）和水相（甘油、水），搅拌加热至 70℃。搅拌下缓慢将水相加入油相中，搅拌均匀后，加入微孔磨砂剂，搅拌冷却至 40℃，加入防腐剂、三乙醇胺，搅拌均匀至室温即可包装（表 5–12）。

表 5–12　配方 （磨砂膏）

组　分	重量（％）
白油	9.0
硅油	4.0
乙酰化羊毛脂	2.5
十六醇	2.5
硬脂酸	5.0
单硬脂酸甘油酯	1.0
司盘 –60	1.5
三乙醇胺	1.0
甘油	4.0
微孔磨砂剂	3.0
防腐剂	适量
香精	适量
去离子水	加至 100.0

（四）磨面乳液

磨面乳液又可称为磨面奶（scrub milk），是一种具有磨面洁肤、护肤作用的乳液状化妆品。其中含有微细的磨砂剂，通过在皮肤上适当按摩，可促进皮肤血液循环，有效地除去皮肤污物及陈腐角质，从而达到净肤养颜的目的。

制法：混合硬脂酸、十六醇、白油、司盘 –85、吐温 –80、LST 得油相，混合 Carbopol、甘油、适量水得水相，分别搅拌加热至 70℃。搅拌下缓慢将水相加入油相中，搅拌均匀后，加入三乙醇胺和水混合液，最后加入磨砂剂——低分子聚乙烯，搅拌冷却至 45℃，加入防腐剂、香精，搅拌均匀至室温即可包装。见表 5–13。

表 5-13　配方（磨面奶）

组　分	重量（％）
硬脂酸	2.0
十六醇	1.0
白油	8.0
司盘 -85	1.0
吐温 -80	1.5
LST	2.0
丙二醇	4.0
Carbopol	0.2
低分子聚乙烯（AC-P360）	4.0
三乙醇胺	适量
防腐剂	适量
香精	适量
去离子水	加至 100.0

（五）去死皮膏

　　所谓死皮，是指皮肤表面上死亡角质层细胞积存的残骸。去死皮膏与磨砂膏有着几乎相同的作用和功效，它们的不同之处在于磨砂膏完全是机械性地磨面洁肤，而去死皮膏的作用机理还包含化学性和生物性，是针对不同性质的皮肤所设计的。磨砂膏能控油，多适于油性皮肤使用；去死皮膏适用于中性皮肤及不敏感的任何皮肤。一般每周用一次去死皮膏即可，使用时将膏体轻轻摩擦皮肤，5 ～ 10 分钟后，可以用手或软纸（棉）将脱离皮肤的死皮、污垢和与膏体混合形成的残余物一起除去，再用清水冲洗皮肤，然后涂抹护肤膏霜或乳液。

　　去死皮膏的原料除了要有一般膏霜所需的润肤剂、乳化剂、保湿剂、增稠剂、防腐剂及香精等之外，还需添加具有去死皮作用的制剂，如聚乙烯醇（PVA）、尼龙粉、植物果核微粒及天然矿物粉剂（高岭土、硅藻土、滑石粉等）和果酸、水杨酸、去角质剂，这些制剂可携带死亡的角化细胞脱离皮肤表面。

　　制法：混合润肤剂（单硬脂酸甘油酯、鲸蜡醇、棕榈醇油酸酯、羊毛酸异丙酯）及阴离子表面活性剂聚乙二醇（5）月桂基柠檬酸磺基琥珀酸二钠为油相；混合丙二醇和去离子水为水相；分别加热后，将水相加入油相，均质混合均匀后加入核桃壳细粉粒，冷却至 45℃后加入防腐剂、香精。见表 5-14。

表 5-14 配方 （去死皮膏）

组 分	重量（%）
单硬脂酸甘油酯	6.0
鲸蜡醇	2.0
棕榈醇油酸酯	4.0
羊毛酸异丙酯	4.0
甘油	3.0
聚乙二醇（5）月桂基柠檬酸磺基琥珀酸二钠	5.0
核桃壳细粉粒	5.0
防腐剂	适量
香精	适量
去离子水	加至 100.0

（六）沐浴用品

沐浴用品是人们在沐浴时使用最多的一种洁肤化妆品。以往所使用的大多是肥皂、香皂等，这类产品有较强的去污力和清洁作用，但它们呈碱性，易使皮肤脱脂、干燥、无光泽。现代沐浴产品可以克服皂类给皮肤带来的诸多不适，在温和清洁皮肤的同时，还可以营养、滋润皮肤，达到洁肤、养肤的双效结合。

沐浴用品可以皂基型表面活性剂作为主体（易冲洗型），也可由多种表面活性剂复配而成，呈微酸性。

沐浴制品包括适用于淋浴和盆浴的产品。前者主要包括沐浴液和沐浴凝胶，而后者主要包括泡沫浴剂、浴油和浴盐等。

1. 淋浴产品

（1）沐浴液 亦称沐浴露，是以各种表面活性剂为主要活性物配制而成的液状洁身、护肤浴用品。近年来，浴液已逐渐广为使用，产量和品种增长迅速，成为一种很有发展潜力的清洁日用产品。沐浴液的基本组成及其功能见表 5-15。

表 5-15 沐浴液的基本组成及其功能

组 分	功 能	含量（%，质量分数）
主要表面活性剂	起泡、清洁作用	10～20
辅助表面活性剂	增泡、降低刺激性	0～8
增泡剂	增泡、稳定、改善泡沫的质地	2～5
酸度调节剂	调节 pH 值	按需要

组　分	功　能	含量（%，质量分数）
黏度调节剂	调节黏度	0～3
外观改善添加剂	改善外观	按需要
着色剂	赋色	按需要
珠光剂	产生珠光外观	0.5～2
香精	赋香	0.5～2
稳定剂	防腐、抗氧化、螯合	0.05～1
特殊添加剂	皮肤调理剂、植物提取物等	0～4
去离子水	溶剂、稀释剂	加至100.0

制法：首先将各种表面活性剂［脂肪醇聚氧乙烯醚硫酸盐（70%）、脂肪醇聚氧乙烯醚磺基琥珀酸单酯二钠盐（30%）、椰油酰胺丙基甜菜碱］混合，在搅拌下加热至65～70℃，另将去离子水加热至约70℃，与表面活性剂混合均匀后，加入润肤剂（水溶性羊毛脂）、保湿剂（甘油）、增稠剂（月桂醇二乙酰胺），然后用柠檬酸或乳酸调节体系的pH值，降温至约50℃时加入防腐剂、香精，温度降至常温时即得（表5-16）。

表5-16　配方1（沐浴液）

组　分	重量（%）
脂肪醇聚氧乙烯醚硫酸盐（70%）	18.0
脂肪醇聚氧乙烯醚磺基琥珀酸单酯二钠盐（30%）	8.0
椰油酰胺丙基甜菜碱	10.0
月桂醇二乙酰胺	4.0
水溶性羊毛脂	2.0
甘油	4.0
柠檬酸	适量
防腐剂	适量
色素	适量
香精	适量
去离子水	加至100.0

（2）沐浴凝胶　是呈无色或有色透明凝胶状的沐浴用品，因外观诱人、使用方便而受到消费者的欢迎，成为此类制品中的主要品种之一。其洗涤原料及其作用与沐浴液基本相同。

制法：沐浴凝胶的制备与凝胶洗面奶的制法相似（表5-17）。

表 5-17 配方 2 （沐浴凝胶）

组 分	重量（%）
月桂基醚硫酸钠（28%）	40.0
月桂基醚磺基琥珀酸二钠	2.5
椰油酸二乙醇酰胺	6.0
月桂基聚氧乙烯（7）醚	4.0
季铵盐-41	5.0
EDTA-Na$_2$	适量
防腐剂	适量
色素	适量
香精	适量
去离子水	加至 100.0

2. 盆浴产品

（1）泡沫浴剂 是适用于盆浴的沐浴制品，放于水中可产生丰富的泡沫并具有舒适的香味，是休闲放松时的沐浴用品。泡沫浴剂适用于各种水质，性质温和，对皮肤和眼睛的黏膜无刺激性，以液状制品为主。其原料组成与沐浴液基本相同，只是表面活性剂主要选择起泡性强、泡沫力好的品种，尤以复配型表面活性剂为主。

制法：泡沫浴液的制备方法与沐浴液基本相同（表 5-18）。

表 5-18 配方 3 （泡沫浴剂）

组 分	重量（%）
十二烷基醚硫酸铵	26.0
椰油基羟基乙磺酸胺	12.0
椰油酸二乙醇酰胺	3.0
椰油酰胺-乙醇胺	1.0
EDTA-Na$_2$	适量
防腐剂	适量
柠檬酸	适量
香精	适量
氯化铵	适量
去离子水	加至 100.0

（2）浴油 是油状沐浴品，可溶解或分散于水中，其作用是在浴后的皮肤表面形成类似皮脂膜的油膜，防止水分蒸发和干燥，使皮肤柔软、光滑。浴油的主要成分是液

体的动植物油、碳水化合物、高级醇及具有分散和乳化作用的表面活性剂。为避免油腻感，浴油中加入的油性原料不宜过多。油分在水中的状态可以是多种的，如油滴分散于水中，溶解于水中，或油膜漂浮于水面的状态以及油膜在水中分散的状态等，其中以分散型浴油为主，这类制品需要加入分散油分的分散剂，如聚氧乙烯油醇醚。

制法：浴油剂的配制方法很简单，只需将所有组分在保温条件下混合均匀即可（表5-19）。

表5-19 配方4（乳化浴油剂）

组　分	重量（%）
白矿油	24.0
丙二醇硬脂酸酯	6.5
硬脂酸	3.0
羊毛脂	1.0
三乙醇胺	1.5
去离子水	加至100.0

（3）浴盐　是一类粉末或颗粒状态的沐浴制品，也是适用于盆浴的类型。在其中加入了无机盐类物质，通过其在水中的溶解，提供保温和杀菌作用。沐浴后具有清洁皮肤和软化角质层的作用，有助于使人感觉精神舒爽。

制法：一般使用通用型粉末混合机将固体混合，将含有着色剂的溶液通过喷雾法或浸渍法使固体粉着色（表5-20）。

表5-20 配方5（浴盐剂）

组　分	重量（%）
硫酸钠	40.0
碳酸氢钠	30.0
碳酸钠	25.0
硫化钙	2.0
氧化钠	3.0

（七）面膜类化妆品

面膜是一种集清洁、护肤和美容为一体的多用途化妆品，它的作用是涂敷在面部皮肤上，经过一定时间干燥后，在皮肤上形成一层膜状物，将该膜揭掉或洗掉后，可达到洁肤、护肤和美容的目的。

面膜的种类很多，大致上可分为四类：剥离面膜、粉状面膜、膏状面膜和成型面膜。

1. 剥离面膜 一般为软膏状和凝胶状。使用时将面膜涂敷于面部，待干后将其揭去，面部的污垢、皮屑也黏附在面膜上同时被揭去，达到清洁皮肤的目的。

（1）配方组成

①成膜剂：使面膜在皮肤上形成薄膜，常用的有聚乙烯醇、羧甲基纤维素（CMC）、聚乙烯吡咯烷酮（PVP）、果胶、明胶、黄原胶等。成膜剂的选择在面膜配制过程中至关重要。成膜的厚薄、成膜速度、成膜软硬度、剥离性的好坏与成膜剂的用量有关，因此必须加以选择。

②粉剂：在软膏状面膜中作为粉体，对皮肤的污垢和油脂有吸附作用。常用的有高岭土、膨润土、二氧化钛、氧化锌或某些湖泊、河流及海域淤泥。

③保湿剂：对皮肤起到保湿作用，常用的有甘油、丙二醇、山梨醇、聚乙二醇等。

④油性成分：补充皮肤所失油分，常用的有橄榄油、蓖麻油、角鲨烷、霍霍巴油等多种油脂。

⑤醇类：调整蒸发速度，使皮肤具有凉爽感。常用的有乙醇、异丙醇等。

⑥增塑剂：增加膜的塑性，常用的有聚乙二醇、甘油、丙二醇、水溶性羊毛脂等。

⑦防腐剂：抑制微生物生长，常用的有尼泊金酯类。

⑧表面活性剂：增溶作用，常用的有 POE 油醇醚、POE 失水山梨醇单月桂酸酯等。

⑨其他添加剂：根据产品的功能需要，添加各种有特殊功能的添加剂。抑菌剂，如二氯苯氧氯酚、十一烯酸及其衍生物、季铵化合物等；愈合剂，如尿囊素等；抗炎剂，如甘草次酸、硫黄、鱼石脂；收敛剂，如炉甘石、羟基氯化铝等；营养调节剂，如氨基酸、叶绿素、奶油、蛋白酶、动植物提取物、透明质酸钠等；促进皮肤代谢剂，如维生素 A、α‐羟基酸、水果汁、糜蛋白酶等。

（2）配方及生产工艺 见表 5‐21。

制法：将粉末二氧化钛和滑石粉在第 1 混合罐中的去离子水中溶解，混合均匀，将甘油、山梨醇加入其中，加热至 70～80℃搅拌均匀，制成水相。将防腐剂、POE 失水山梨醇单月桂酸酯、库拉索芦荟叶提取物和油分在第 2 混合罐中混合、溶解，加热至完全溶解，制成醇相。分别将水相和醇相加入真空乳化罐，混合、搅拌，冷却至 45℃，加入乙醇、香精，均质、脱气后，将混合物在板框式压滤机中进行过滤。过滤后在贮罐中贮存，待包装（表 5‐21）。

表 5‐21 配方 1（剥离面膜）

组 分	重量（%）
聚乙烯醇	15.0
聚乙烯吡咯烷酮	5.0
山梨醇	6.0
甘油	4.0
橄榄油	3.0

续表

组　分	重量（%）
角鲨烷	2.0
POE 失水山梨醇单月桂酸酯	1.0
二氧化钛	5.0
滑石粉	10.0
乙醇	8.0
库拉索芦荟叶提取物	1.0
防腐剂	适量
香精	适量
去离子水	加至 100.0

2. 粉状面膜　为一种细腻、均匀、无杂质的混合粉末状物质，对皮肤安全无刺激。使用时将适量的面膜粉末与水调合成糊状，涂敷于面部，随着水分的蒸发，经过 10～20 分钟，糊状物逐渐干燥，在面部形成一层较厚的膜状物——胶性软膜或干粉状膜。

粉状面膜制造、包装、运输和使用都很方便，适宜于油性、干性皮肤者使用。在粉体原料的选用上要求粉质均匀细腻，无杂质及黑点，对皮肤应安全无刺激，用后能迅速干燥，容易洗脱。

（1）配方组成

①粉料：是面膜的基质，具有吸附作用和润滑作用。常用高岭土、钛白粉、氧化锌、滑石粉等。

②胶凝剂：形成软膜，常用淀粉、硅胶粉等。

③其他粉状添加剂：根据需要添加其他功能性的添加剂。

④防腐剂。

（2）配方及生产工艺　见表5-22。

制法：粉状面膜的生产工艺比较简单，将粉类原料研细、混合，将脂类物质喷洒其中，搅拌均匀后过筛即得。另外，粉状面膜配方一般均可用作浆泥状面膜，只需使用时用果汁、菜汁等调成浆状敷面。

表5-22　配方2（粉状面膜）

组　分	重量（%）
胶态高岭土	61.0
膨润土	5.0
硅酸铝镁	5.0
磷脂	2.0

组 分	重量（%）
固体山梨醇	5.0
防腐剂	适量
香精	适量
去离子水	加至 100.0

3. 膏状面膜 一般不能成膜剥离，而需用吸水海绵擦洗掉。膏状面膜大都含有较多的黏土类成分如高岭土、硅藻土等以及润肤剂油性成分，还常添加各种护肤营养物质如海藻胶、甲壳素、火山灰、深海泥、中草药粉等。膏状面膜涂抹在面部一般比剥离面膜要厚一些，以使面膜的营养成分充分被皮肤吸收。使用不便之处是不能将膜揭下，而需用水擦洗掉面部已干涸的面膜。但这种不足也可克服，若在配方中加入适当的凝胶剂，在剥离面膜前喷洒或涂上固化液，稍过几分钟，即可将固化成膜的面膜揭下。膏状面膜的配方构成除了不加成膜剂外和剥离面膜基本相同。

制法：将粉料（钛白粉、高岭土、滑石粉）、淀粉、甲壳素、甘油和部分去离子水混合均匀，然后加入油脂（棕榈酸异丙酯）和功效物质（光果甘草根提取物），最后加入防腐剂、香精混合均匀即得。因为产品为黏稠糊状，因此生产时最好选用出料时能自动提升锅盖并能倾斜倒出的真空乳化设备（表5-23）。

表 5-23 配方 3 （膏状面膜）

组 分	重量（%）
钛白粉	5.0
高岭土	10.0
滑石粉	5.0
甘油	10.0
棕榈酸异丙酯	8.0
橄榄油	6.0
淀粉	5.0
甲壳素	4.0
光果甘草根提取物	1.0
防腐剂	适量
香精	适量
去离子水	加至 100.0

4. 成型面膜　是一类贴布式面膜，由于使用方便而备受消费者的喜爱。它是将面膜液浸入非织造布内，使用时只需将布与面部贴牢，15～20分钟后，面膜液逐渐被吸收干燥，将布取下即可。

成型面膜液的主要成分是保湿剂、润肤剂、活性物质（如果酸、维生素）等，还有防腐剂和香精。

制法：本配方制法很简单，只要将各组分混合均匀即可。流程：成型面膜液各组分→混匀→静置→过滤→片状面膜，片材→压型→灌装备用→浸渍涂布→包装（表5-24）。

表5-24　配方4　（成型面膜）

组　分	重量（%）
白油	约30.0
硅油	10.0
霍霍巴油	30.0
芦荟油	4.0
羊毛油	26.0
防腐剂	适量
香精	适量

二、护肤类化妆品

皮肤的角质层是由5～10层扁平的、没有细胞核的、已脱落的细胞构成，唯一的功能就是保护人体皮肤免受外界物质的侵袭。角质层的好坏主要取决于其含水量，水分太多易于真菌等微生物的生长，太少则干裂脱皮。

护肤化妆品即保护皮肤的化妆品。通过化妆品给皮肤补充水分，以保持皮肤中水分的含量和皮肤保湿系统的正常运行，从而恢复和保持皮肤的滋润和弹性，维持皮肤健康，延缓皮肤老化。

护肤化妆品因其使用者的年龄、性别、皮肤类型及使用时间等的不同而有着多种品种和剂型，包括雪花膏、冷霜、蜜类、早晚霜、按摩霜、各类膏霜及精华素等。

（一）护肤膏霜

膏霜的主要成分有油性成分、水性成分、表面活性剂、增稠剂等。乳化所使用的表面活性剂以安全性高的非离子系、阴离子系作为主体。油性成分不仅使用烃、油脂、蜡、高级脂肪酸、高碳醇、酯，也使用具有调节肤感的直链和环状硅油。水性成分有精制水、乙醇、多元醇、水溶性高分子等。

1. 雪花膏类　此类化妆品属于弱油性膏霜，较少油腻感，具有舒适而爽快的使用感，其代表性的产品有雪花膏、粉底霜、剃须后用膏霜等。

（1）雪花膏　是一种以硬脂酸为主要油分的 O/W 型乳化膏霜，由于在皮肤上似雪花状溶入皮肤而消失，故得名。雪花膏在皮肤表面形成一层薄膜，使皮肤与外界干燥空气隔离，能抑制表皮水分的蒸发，保护皮肤不致干燥、开裂或粗糙。

雪花膏主要原料是硬脂酸、碱类、多元醇（保湿剂）、水及其他成分等。

①硬脂酸：用于制备雪花膏的硬脂酸是蜡状、微带光泽的白色结晶体，即动植物的油脂水解后得到的脂肪酸经过三次压榨而得，常称为三压硬脂酸。

②碱类：碱和硬脂酸皂化生成硬脂酸盐作为乳化剂。一般常用的碱为 KOH、NaOH、N（CH$_2$CH$_2$OH）$_3$ 等。雪花膏膏体的稠度或硬度与所用的碱有关，用三乙醇胺制成的膏体软而细腻，但易改变颜色。

③保湿剂：雪花膏中作为保湿剂的成分主要是多元醇，如甘油、丙二醇、1, 3- 丁二醇、山梨醇、聚乙二醇等。

④水：雪花膏含水量为 60% ～ 80%，如水中含有 Ca^{2+}、Mg^{2+}、Ba^{2+} 等无机离子，对膏体稳定性有较大影响，所以化妆品中多用蒸馏水或去离子水，也称精制水。

⑤其他油性成分：常用的多为脂肪酸酯、高碳醇类等，有代表性的为单硬脂酸甘油酯，用量为 1% ～ 2%。

⑥植物功效性成分：可在雪花膏中添加一些植物来源的功效性成分，如具有抗衰老功效的灵芝提取物、人参提取物；具有保湿功效的芦荟提取物、石斛提取物等；具有美白功效的雪莲花提取物、甘草提取物，赋予产品额外功效，提高产品价值。

制法：首先将保湿剂（丙二醇）、碱类（三乙醇胺）加入精制水中，在 70℃加热溶解得水相。然后将珍珠粉分散于少量油料中，再将表面活性剂（聚氧乙烯山梨糖醇酐 - 硬脂酸酯、山梨糖醇酐 - 硬脂酸酯）、防腐剂、抗氧化剂加入油相中，在 70℃加热溶解。将此溶解均一的油相加入水相中进行预乳化，再用均质搅拌机将乳化粒子均一冷却到 45℃后，脱气、过滤、冷却（表 5–25）。

表 5–25　配方 1 （雪花膏）

组　分	重量（%）
硬脂酸	16.0
山梨糖醇酐 – 硬脂酸酯	2.0
聚氧乙烯山梨糖醇酐 – 硬脂酸酯	1.5
三乙醇胺	0.7
丙二醇	10.0
珍珠粉	0.1
防腐剂	适量
抗氧剂	适量
香精	0.5
去离子水	加至 100.0

（2）粉（底）霜　兼有雪花膏和香粉的使用效果，主要在涂抹白粉及其他美容化妆品之前使用，不仅有护肤作用，同时有较好的遮盖力，能掩盖面部皮肤表面的某些缺陷。粉霜大致有两种类型，一种以雪花膏为基体，适用于中性和油性皮肤；另一种以润肤霜为基体，含有较多油脂和其他护肤成分，适用于中性和干性皮肤。一般多在雪花膏或润肤霜体中加入二氧化钛或氧化锌等颜料配制而成。

制法：将粉料二氧化钛及氧化铁与少量油料混合，经捏合、分散后与油相成分硬脂酸、十六醇和甘油单硬脂酸酯及抗氧剂混合，加热熔化得到油相。将水相成分丙二醇、氢氧化钾、去离子水混合，加热。将水相加入油相，进行乳化，均质后，加入香精、防腐剂，搅拌冷却，包装（表 5-26）。

表 5-26　配方 2　（粉底霜）

组　分	重量（%）
硬脂酸	12.0
二氧化钛	1.0
十六醇	2.0
氧化铁（赤色）	0.1
甘油单硬脂酸酯	2.0
氧化铁（黄色）	0.4
丙二醇	10.0
氢氧化钾	0.3
防腐剂	适量
抗氧剂	适量
香精	0.5
去离子水	加至 100.0

2. 香脂类　因这种膏霜含油脂较高，又具有浓郁的香气，故称其为香脂，又名为冷霜。从乳剂类型来看，可分为 W/O 型和 O/W 型冷霜；从构成来看，油相多，水相少。目前使用的冷霜绝大多数都属于 W/O 型的油性膏霜，含油分大于 50%，外观光泽、触感滑爽。

香脂的原料中油相原料主要为蜂蜡、白油、凡士林及石蜡等，现今也常使用一些轻型油性原料如羊毛油、脂肪酸酯类、霍霍巴油等。香脂一般不含水溶性保湿成分。

香脂的配制乳化方法与清洁霜类似，可分为三种乳化方式，即采用典型的皂基反应式乳化、皂基与非离子表面活性剂混用乳化或全部为非离子表面活性剂乳化。

制法：和雪花膏制备方法类似（表 5-27）。

表 5-27 配方 3 （香脂，皂基反应式乳化）

组 分	重量（%）
硬脂酸	1.2
蜂蜡	1.2
地蜡	7.0
白油	47.0
双硬脂酸铝	1.0
硬脂酸单丙二醇酯	1.5
氢氧化钙	0.1
香精、防腐剂、抗氧剂	适量
去离子水	加至 100.0

3. 润肤霜类 此类制品是介于弱油性和油性之间的膏霜，油性成分含量一般为 10%～70%，主要指非皂化的膏状体系，有 O/W 型和 W/O 型，现仍以 O/W 型膏体占主导地位。

植物润肤霜所采用的原料相当广泛，通常要加入润肤剂、调湿剂、柔软剂（如羊毛脂衍生物、高碳醇、多元醇等）及保湿剂（如透明质酸钠、吡咯烷酮羧酸等）等。润肤霜类化妆品有润肤霜、营养霜、夜霜、手霜、婴儿霜等。若在其中添加一些营养物质、生物活性物质、功效成分等，便成为营养霜、功效性的制品。

（1）通用型润肤霜 略带油性，较黏稠，涂抹分散时略有阻力，耐水洗，适用于脸部、手和身体敷用。

制法：将蜂蜡、硬脂酸、十八醇、加氢羊毛脂、尼泊金甲酯、角鲨烷、吐温-60、亚油酸混合，加热至75℃得油相。将亚油酸钠、丙二醇、水混合，加热至75℃得水相。在搅拌下缓缓将水相加于油相中，进行乳化，待温度降至40℃加入香精，搅拌均匀即成（表5-28）。

表 5-28 配方 4 （通用型润肤霜）

组 分	重量（%）
蜂蜡	2.0
硬脂酸	5.0
十八醇	3.0
加氢羊毛脂	2.0
亚油酸	0.5

组　分	重量（%）
丙二醇	5.0
尼泊金甲酯	0.2
角鲨烷	15.0
吐温 -60	3.0
亚油酸钠	0.05
香精	0.5
去离子水	加至 100.0

（2）晚霜　是在晚间休眠期间，皮肤细胞分裂加快的情况下，提供皮肤脂质、水分和营养的一类化妆品。其要求是对皮肤无刺激、作用温和，对皮肤具有良好的滋润、保湿作用，以 W/O 型为主。晚霜的香精用量一般较少，加入少量的幽雅宜人的香精即可。

制法：晚霜的制法与通用型润肤霜基本相同（表 5-29）。

表 5-29　配方 5 （晚霜）

组　分	重量（%）
矿物油	23.5
橄榄油	3.8
羊毛脂	10.0
硬脂酸	3.3
鲸蜡	5.4
鲸蜡醇	10.4
三乙醇胺	9.0
人参提取物	3.0
防腐剂	0.8
香精	适量
去离子水	加至 100.0

（3）日霜　也称隔离霜，主要为 O/W 型，含油量较少，且常加入少量的防晒剂。在配方中二苯甲酮 -4 具有一定的紫外线吸收能力，对皮肤具有防晒保护作用。

制法：日霜的制法与通用型润肤霜相似（表 5-30）。

表 5-30 配方 6 （日霜）

组　分	重量（%）
二苯甲酮 -4	1
白油	4.0
甘油	4.0
棕榈酸异丙酯	6.0
透明质酸	0.03
鲸蜡醇	1.0
羊毛酸异丙酯	4.0
十六烷基磷酸钾	2.0
单硬脂酸甘油酯	1.4
积雪草提取物	0.2
防腐剂	适量
香精	适量
去离子水	加至 100.0

（4）婴儿霜　配方见表 5-31。

制法：婴儿霜制法与通用型润肤霜相似。

表 5-31 配方 7 （婴儿霜）

组　分	重量（%）
甲基葡萄糖苷倍半硬脂酸酯	1.8
甲基糖苷 EO20	2.0
乙酰化羊毛脂	2.0
焦谷氨酸钠	3.0
十六 - 十八醇	2.0
三乙醇胺	0.1
白油	10.0
红花籽油	6.0
硬脂酸	2.0
防腐剂	适量
香精	适量
去离子水	加至 100.0

（5）润肤蜜　介于化妆水与膏霜之间，含油量一般小于30%，易与皮肤亲和，使用感良好。

制法：润肤蜜制法与通用型润肤霜类似（表5-32）。

表5-32　配方8（润肤蜜）

组　分	重量（%）
十六－十八醇	2.0
复合甘油	5.0
单硬脂酸甘油酯	3.0
白油	8.5
脂肪醇聚氧乙烯醚	0.6
十二烷基硫酸钠	0.6
防腐剂	适量
香精	适量
去离子水	加至100.0

（6）按摩膏　属高油性成分的膏霜，不仅作为减少手与皮肤摩擦的润滑剂，而且能通过按摩给皮肤补充水分、脂质和多种营养成分，起到护肤、养肤的作用。其配方一般比同属高油分的香脂、清洁霜的配方复杂，可添加各种对皮肤具有营养的成分，如维生素、天然动植物提取液、精油、中草药提取液及生物活性物质等。现今按摩膏的配制大都以非反应乳化，即采用非离子表面活性剂为乳化剂。其产品既包括传统的W/O型，也有清爽的O/W型，目前后者剂型更为多见。

制法：按摩膏制法与通用型润肤霜相似（表5-33）。

表5-33　配方9（按摩膏）

组　分	重量（%）
氢化聚异丁烯（角鲨烷）	40.0
单硬脂酸甘油酯	2.0
石蜡	5.0
甘油	5.0
凡士林	15.0
双硬脂酸铝	1.5
蜂蜡	8.5
吐温-20	2.0
辛基十二醇	10.0

组　分	重量（%）
防腐剂	适量
香精	适量
洋甘菊提取物	2.0
去离子水	加至 100.0

（二）护肤乳液

乳液或奶液类乳化制品的黏度较低，在重力作用下可倾倒，因此又叫润肤奶液或润肤蜜，多为含油量低的 O/W 型乳液。乳液化妆品的流动性好，易涂抹，延展性好，不油腻，使用感觉舒适、滑爽，尤其适合夏季使用。

润肤乳液的组分与润肤霜的组分类似，仍是由滋润剂、保湿剂及乳化剂和其他添加剂等组成，但因乳液为流体状，故润肤乳液中的固体油相组分要比膏霜中的含量低；润肤乳液的乳化方式与膏霜相同，但乳液的稳定性较膏霜差，乳液若存放时间过久则易分层，因此在设计乳液的配方及制备时，需特别注意产品的稳定性。

制法：乳液的制备工艺参见润肤霜，同样包括原料加热、加料方式、冷却搅拌等主要步骤（表 5-34）。

表 5-34　配方　（含水溶性聚合物润肤乳液）

组　分	重量（%）
单硬脂酸甘油酯	4.0
白矿油	3.0
辛酸 / 癸酸三甘油酯	4.0
氢化植物油	1.5
硬脂酸	2.0
月桂醇醚 -23	0.8
聚丙烯酸树脂（2% 分散液）	15.0
山梨（糖）醇（70% 水溶液）	2.0
丙二醇	3.0
白花百合花提取物	4.0
三乙醇胺	0.6
防腐剂	适量
香精	适量
去离子水	加至 100.0

（三）护肤凝胶

凝胶是一种外观透明或半透明的半固体胶冻状态物。护肤凝胶包括无水凝胶体系、水或水－醇凝胶体系及透明乳液体系等类型。

无水凝胶主要由白矿油或其他油类和非水胶凝剂所组成，非水胶凝剂包括硬脂酸皂（Al、Ca、Li、Mg、Zn）、三聚羟基硬脂酸铝、聚氧乙烯羊毛脂、硅胶、发烟硅胶、膨润土和聚酰胺树脂等。这类产品的优点是有很好的光泽，其缺点是油腻和较黏，现今已较少使用，主要用于无水型油膏、按摩膏和卫生间用香膏等。

水或水－醇凝胶产品主要是使用水溶性聚合物作为胶凝剂，可用作各类产品的基质。由于具有诱人的外观、较广范围的可调性，加之原料来源广泛、加工工艺简单，这类产品成为当今较流行的一类凝胶型的化妆品。

透明乳液主要是由油、水和复合乳化剂组成的微乳液体系，呈透明状态。与一般乳液比较，透明乳液是利用加溶作用使油相形成很小的油滴分散于水相，一般认为其比通常的乳液更易被皮肤吸收，因此颇受欢迎。

制法：护肤凝胶制备方法比较简单，只要先分别将 Carbopol ETD2001 和 PVP（K30）在水中充分溶胀溶解后加入剩余成分混匀即可（表 5-35）。

表 5-35　配方（护肤凝胶）

组　分	重量（%）
Carbopol ETD2001	0.6
甘油	5.0
三乙醇胺（99%）	0.5
PVP（K30）	0.1
EDTA-Na$_2$	0.05
库拉索芦荟叶汁	10.0
色素	适量
防腐剂	适量
香精	适量
去离子水	加至 100.0

（四）护肤化妆水

化妆水也称收缩水、爽肤水或养肤水，一般为透明液体，通常在用洁面剂等洗净黏附于皮肤上的污垢后，用其给皮肤的角质层补充水分及保湿成分，调整皮肤生理作用。化妆水的基本功能是保湿、柔软，另外根据化妆水不同种类要求，还有清洁、收敛等作用。

化妆水的成分主要包括水、醇类、保湿剂、润肤剂、表面活性剂、增稠剂、酸度调节剂、香精、防腐剂等，另外通过添加收敛剂或杀菌剂达到收敛等作用，加入植物功能性成分赋予产品美白、抗衰等功能特点。

化妆水的种类很多，包括收敛性化妆水、洁肤用化妆水、柔软和营养性化妆水等。

1. 收敛性化妆水 这类化妆水通常又称为收缩水，呈透明或半透明状，用以抑制皮肤分泌过多的油分及调节肌肤的紧张感，因而含有作用温和的某些收敛剂。它除了具有舒爽的使用感外，还能防止化妆底粉散落。男士用的须后水就是一种收敛性化妆水，其特点是含酒精成分较多，并添加了能使人感觉清凉的添加剂。其一般呈微酸性，接近皮肤 pH 值。

制法：先将收敛剂（金缕梅提取物）、保湿剂（甘油和山梨糖醇）溶于去离子水中，另把薄荷醇、香精等溶解于乙醇中，再加入水溶液中，充分混合溶化，经过滤后即可灌装（表 5-36）。

表 5-36 配方 1 （收敛性化妆水）

组 分	重量（%）
甘油	4.00
山梨糖醇	2.00
金缕梅提取物	3.00
薄荷醇	0.10
乙醇	40.00
着色剂	适量
香精	适量
去离子水	加至 100.0

2. 洁肤用化妆水 这类化妆水对简单化妆品的卸妆等具有一定程度的清洁皮肤作用。一般用水、酒精和清洁剂配制而成，以使皮肤松快、舒适和清洁。一般呈微碱性。

制法：先将保湿剂丙二醇和聚乙二醇、增稠剂羟乙基纤维素、氢氧化钾等加入去离子水中，室温下溶解。另将增溶剂聚氧乙烯油醇醚、防腐剂、着色剂、香精加入乙醇中，室温下溶解后加入水溶液中，搅拌使其混合溶化均匀，过滤后即可灌装（表 5-37）。

表 5-37 配方 2 （洁肤用化妆水）

组 分	重量（%）
丙二醇	8.00
聚乙二醇（1500）	5.00
聚氧乙烯油醇醚（15EO）	1.00

续表

组　分	重量（%）
氢氧化钾	0.05
羟乙基纤维素	0.10
乙醇	20.00
防腐剂	适量
着色剂	适量
香精	适量
去离子水	加至 100.0

3. 柔软和营养性化妆水　这类化妆水主要以保持皮肤柔软、湿润及营养皮肤为目的。在产品中添加天然保湿因子，如吡咯烷酮羧酸、氨基酸和多糖类等水溶性保湿成分。有时添加少量温和杀菌剂，以达到抑菌的作用。一般呈微碱性，适用于干性皮肤。

制法：在室温下将丙二醇、甘油溶解于去离子水中；另把香精、色素、防腐剂、油醇、表面活性剂聚氧乙烯（20）失水山梨醇单月桂酸酯和聚氧乙烯（20）月桂醇醚等在室温下溶解于乙醇中；再将乙醇溶液加入水溶液中，搅拌使其溶化均匀后调色，过滤后即可灌装（表 5-38）。

表 5-38　配方 3（柔软性化妆水）

组　分	重量（%）
甘油	5.0
丙二醇	4.0
油醇	0.1
聚氧乙烯（20）失水山梨醇单月桂酸酯	1.5
聚氧乙烯（20）月桂醇醚	0.5
乙醇	适量
香精	适量
色素、防腐剂	适量
去离子水	加至 100.0

三、彩妆类化妆品

彩妆类化妆品大多为固态化妆品。根据产品类型，大致可以分为粉类化妆品和蜡基化妆品两大类。

（一）粉类化妆品

粉类化妆品主要是指以粉类为主要原料配制而成的外观呈粉状或块状的一类制品，主要包括膜粉、香粉、爽身粉、粉饼、胭脂以及粉质眼影块等。

粉类原料作为固态化妆品的主体具备以下基本性能：

（1）安全性高　粉体应符合相关法律规定，对皮肤、黏膜等无刺激作用，不含有害重金属，无微生物污染，不会由于微生物作用而产生毒性或刺激作用。

（2）稳定性好　对热、光、油脂及香料等不发生变色、变质、变味、变形和分离等质量劣化。

（3）混合性和分散性良好　与黏合剂或其他粉体的混合性良好，不会聚结成团，易于在皮肤表面铺展和分散。

（4）使用感觉良好　涂布有柔和感，涂敷后能感到爽滑、无异物感。

在配方设计时，应该根据产品特性要求选择原料。通常情况下，单一粉体不能满足要求，需要将具有不同特性的粉体复配使用，发挥所长，达到最佳效果。

1. 香粉　大多用于美容后修饰和补妆，可以调节皮肤颜色色调，防止油性皮肤过分油腻，让皮肤保持透亮不油腻的肤色，同时吸附汗液和皮脂，增加化妆品的持久性，使皮肤呈现良好的肤感效果。香粉配方主要包括着色剂和粉质原料等基质。

制法：将所有成分用高速搅拌机混合后，粉碎机微粉碎，过筛后填充（表5-39）。

表5-39　配方1　（香粉）

组　分	重量（%）
滑石粉	50.0
高岭土	16.0
碳酸钙	5.0
碳酸镁	10.0
钛白粉	5.0
氧化锌	10.0
硬脂酸镁	4.0
香精、色素	适量

2. 粉饼　粉饼的形状可以随着容器的形状而变化，便于携带。粉饼一般具有良好的遮盖力、吸收性、柔滑性、附着性和组成均匀等特性。粉饼需要具有较好的机械强度，使用时不易碎裂和塌陷，并且能够较好地涂展，不会结团和油腻。

粉饼主要由粉质原料、着色剂、黏合剂（胶质原料或油质原料）、保湿剂、防腐剂、香精等组成。

制法：粉饼的生产工艺主要分为干法和湿法，干法适用于大规模生产，一般利用先进的自动压粉机压制成型；湿法制备可将滑石粉、高岭土、二氧化钛、珍珠粉、颜料等粉质原料过筛后，添加剩余原料制备的液浆，充分混合，所得混合物颗粒干燥后，将产品压制成型，最后装入适宜容器包装（表5-40）。

表 5-40　配方 2　（粉饼）

组　分	重量（%）
滑石粉	加至 100
高岭土	10.0
二氧化钛	5.0
珍珠粉	0.1
白油	3.0
失水山梨醇油脂	2.0
山梨醇	4.0
丙二醇	2.0
羧甲基纤维素	1.0
颜料、香精香料	适量

（二）蜡基化妆品

蜡基化妆品主要是以蜡类原料作为基础原料制备的产品，标志性产品为口红，也称唇膏，是锭状的唇部美容化妆品。

唇膏应具备的特性为对口唇无刺激、无害和无微生物污染，并且唇膏所用原料应为食品级；具有自然、清新愉快的气味；外观颜色鲜艳均匀，色调符合大众审美；唇部涂抹流畅，着色效果好，无溶合、漂移现象；滋润唇部皮肤，有舒适感；品质稳定，不易氧化。

唇膏主要由蜡类及油脂等基质原料和色素组成。

油脂、蜡类是唇膏的基本原料，含量一般占90%。使用不同的油脂组合复配能达到不同的唇膏产品质量要求，比如黏着性、溶解性、触变性、成膜性及硬度等。口红常用蜡主要有植物蜡（巴西棕榈蜡、小烛树蜡、霍霍巴蜡）、动物蜡（蜂蜡、鲸蜡）、矿物蜡（地蜡）和合成蜡（聚乙烯、硬脂酮、氧化聚乙烯）。

色素即着色剂，是唇膏中最主要的成分。唇膏一般由两种或多种色素调配而成。色素一般可分为有机色素、矿物色素、珠光颜料、溴酸染料和植物色素五类。但应注意，使用的色素必须是《化妆品安全技术规范（2015年版）》中的化妆品准用着色剂。

1.有机色素　一般是钙、铝或钡色淀，如颜料红51、颜料红57。在我国，其用量需要遵循相应的法规。

2.矿物色素　占唇膏总色素含量的70%，用量最大，如二氧化钛、氧化铁等。

3. 珠光颜料　多为合成珠光颜料，如氢氧化铋。随膜层的厚度不同而显示不同的珠光色泽。

4. 溴酸染料　主要包括二溴荧光素、四溴荧光素及四溴四氯荧光素。溴酸荧光素不溶于水，制成唇膏外表为橙色，当涂敷于嘴唇后，由于 pH 改变而变为鲜红色，色泽牢固持久。其在低成本唇膏中应用较多，但是在油、脂、蜡中的溶解性很差，需要有合适的溶剂才能显示良好的色泽效果。

5. 植物色素　由天然植物中提取，是目前最理想和安全的着色剂，对人体无害，如番茄红素、胭脂虫红色素、胡萝卜素、辣椒红等。但是天然植物色素的提取工艺复杂，目前产品价格仍然十分昂贵。

油脂和蜡的油腻气味较重，因此在唇膏产品中都需要添加香精。香精是唇膏的香料，在保证安全性的前提下，还需要具备舒适的气味及愉悦的口味。这样能有效地掩盖油脂和蜡的气味，让消费者普遍接受。

制法：将颜料溴酸红和色淀混合研磨后，过筛，再与其他成分混合融化。将模具预热至35℃后，将混合物灌注到模具中，迅速冷却成型，脱模即得（表 5-41）。

表 5-41　配方 1　（普通唇膏）

组　分	重量（%）
蓖麻油	44.5
单硬脂酸甘油酯	9.5
棕榈酸异丙酯	2.5
蜂蜡	20.0
蓝桉叶油	1.0
巴西棕榈蜡	5.0
无水羊毛脂	4.5
鲸蜡醇	2.0
溴酸红	2.0
色淀	10.0
香精、抗氧化剂	适量

第二节　毛发用化妆品

毛发具有保护皮肤、保持体温等功能。毛发用化妆品是一类以清洁、护理、美化毛发为目的的日化产品，也包括剃须用品。随着社会的进步、人民生活水平的提高，这类制品的发展较快。在毛发用化妆品中比较重要的一类是头发用化妆品，其产品品种繁多，有着广阔的消费市场。

一、洗发化妆品

洗发化妆品是指用于清洁附着在头发和头皮上分泌的油脂、汗垢、脱落的头屑及聚集的灰尘等杂质的清洁用品。洗发类化妆品的英文名为 Shampoo，译为香波，已成为人们对洗发用品的习惯称呼。

1. 香波的组成　香波的主要成分为表面活性剂和添加剂。表面活性剂起去污、发泡等作用，添加剂可赋予香波某种性能。

（1）表面活性剂

①阴离子型表面活性剂：常用的有脂肪醇硫酸盐（$ROSO_3M$）、聚氧乙烯脂肪醇醚硫酸盐 $[RO（CH_2CH_2O）_nSO_3M]$、琥珀酸酯磺酸盐类 $[RCOOCCH_2CH（SO_3Na）COOM]$、脂肪酸单甘油酯硫酸盐 $[RCOOCH_2CH（OH）CH_2OSO_3M]$ 等。

②非离子表面活性剂：在香波中起辅助作用。作为增溶剂和分散剂，可增溶和分散水中不溶性物质，如油脂和香精等；也可降低阴离子表面活性剂的刺激性，调节香波的黏度，稳定泡沫等。常用的非离子表面活性剂有脂肪酸甘油酯、聚乙二醇脂肪酸酯、聚氧乙烯失水山梨醇脂肪酸酯、脂肪酸烷醇酰胺等。

③两性表面活性剂：与头发有良好的亲和吸附性和调理性，它与离子型和非离子型表面活性剂相容性好，可混合使用。在香波中用作增稠剂、调理剂等。常用于香波的两性表面活性剂主要是甜菜碱和咪唑啉类衍生物。

④阳离子表面活性剂：去污力和发泡力有限，主要用作头发调理剂。香波中常用的阳离子表面活性剂多为长链基的季铵盐，如十六烷基三甲基氯化铵、阳离子纤维素聚合物、阳离子瓜尔胶（GUAR）等。

（2）添加剂　洗发香波的添加剂种类很多，如调理剂、增稠剂、滋润剂、遮光剂、澄清剂、酸度调节剂、螯合剂、稀释剂、防腐剂、色素及香精等。

①调理剂：主要作用是改善洗后头发的手感，使头发光滑、柔软、易于梳理，并且梳理后有成型作用。原理是调理剂在头发表面上易被吸附。

代表性调理剂有阳离子纤维素聚合物（JR-400）、阳离子瓜尔胶（GUAR）、阳离子高分子蛋白肽。

②增稠剂：可增加香波的稠度，获得适宜黏度，提高稳定性。常用的增稠剂有无机增稠剂和有机增调剂两大类。

无机增稠剂主要有氯化钠、氯化铵、硫酸钠、三聚磷酸等；有机增稠剂有聚乙二醇酯类、卡普波树脂、聚乙烯吡咯烷酮、纤维素衍生物、脂肪酸烷醇酰胺。

③去头屑止痒剂：抑制细胞角化，降低表皮新陈代谢的速度和杀菌是防治头屑的途径。去屑止痒剂有吡硫鎓锌（又称吡啶硫铜锌）、氯咪巴唑、吡罗克酮乙醇胺盐、二硫化硒（SeS_2）、水杨酸及某些季铵化合物等。

④螯合剂：其作用是防止在硬水中洗发时生成钙、镁皂而附在头发上，增加去污力和洗后头发的光泽性。

常用的螯合剂有柠檬酸、酒石酸和乙二胺四乙酸钠（EDTA）。

⑤澄清剂：在配制透明香波时，有时加入脂肪类、香精等油溶性物质，会出现不透明、变浑浊现象，可加入少量醇类物质，如乙醇、甘油（丙三醇）、丁二醇、己二醇、山梨醇等，或非离子表面活性剂，如壬基酚聚氧乙烯醚等，增加溶解度，而使之保持和提高透明度。

⑥珠光剂：也称遮光剂。添加适量珠光剂，可使香波液体产生悦目的珍珠光泽感，提高产品的视觉效果。

常用的珠光剂主要有硬脂酸金属盐（钙、镁、锌盐）、鲸蜡醇、硬脂醇、氯氧化铋及乙二醇单硬脂酸酯和乙二醇双硬脂酸酯等。

⑦酸度调节剂：弱酸性洗发香波对护理头发、减少刺激性有利。常用的酸度调节剂有柠檬酸、酒石酸、磷酸及乳酸等。

⑧营养剂：为使香波具有护发、养发功能，常在香波中添加滋润、营养等作用的营养剂，主要有维生素类氨基酸类。

⑨植物功效性成分：其中具有防断发功效的有侧柏叶提取物、白鲜皮提取物；具有去屑功效的有艾叶提取物、生姜提取物；具有护发功效的有何首乌提取物、当归提取物；具有防脱发功效的有桑叶提取物、余甘子提取物。

⑩香精和色素：香精的选取应考虑加入产品后的温度、阳光以及酸碱性对其稳定性的影响，对黏度、色泽的影响；色素的选取必须符合《化妆品安全技术规范（2015年版）》的规定，选用安全的原料。

⑪防腐剂及抗氧剂：常加入的防腐剂有尼泊金甲酯、丙酯及其混合物，以及布罗波尔、凯松、杰马等。

常用的抗氧剂有二叔丁基对甲酚（BHT）、叔丁基羟基苯甲醚（BHA），维生素E也是一种优良的天然抗氧化剂。

2. 香波的分类 香波按功能分类，有普通香波、调理香波、去头屑香波、烫染发后用香波等。按添加特殊原料分类，有皂角香波、氨基酸香波、蛋白香波、珠光香波、芦荟香波、水果味香波等。按产品形态分类，有液体、膏状、粉状等洗发香波。按形态和制备工艺分液体香波、洗发膏、洗发凝胶。本节主要介绍一些常见香波。

（1）通用型香波 组分较简单，成本也较低，一般含有少量的调理剂。通用香波是一种大众化产品，也可作为配置其他类型香波的基质。

制法：通用型香波配方所用原料均为液体，在水中分散性较好，制备工艺比较简单，只需在常温下依次将各组分加入去离子水中，搅拌均匀即可（表5-42）。

表5-42 配方1（通用型香波）

	干性头发	中性头发	油性头发
月桂基硫酸酯钠盐（30%）	–	5	10
月桂醇醚硫酸酯钠盐（27%）	27	25	23
椰油基二乙醇酰胺	3	3	3

	干性头发	中性头发	油性头发
植物提取物		适量	
防腐剂、香精、着色剂		适量	
增稠剂（一般用 NaCl）		适量	
去离子水		加至 100.0	

（2）珠光香波　珠光颜料的珠光光泽诱人，在珠光香波中用量较低（重量为 0.2%～0.5%），一般需添加悬浮分散剂，以防止珠光颜料下沉，这类珠光剂没有调理剂的作用。

制法：将月桂醇醚硫酸酯钠盐、椰油基二乙醇酰胺、乙二醇单硬脂酸酯和何首乌提取物加入去离子水中，加热至 60℃，搅拌均匀，加入柠檬酸调节 pH 值至 6.5～6.9，冷却至 40℃，加入香精、防腐剂，冷却至室温即可（表 5-43）。

表 5-43　配方 2（珠光香波）

组　分	重量（%）
月桂醇醚硫酸酯钠盐	28.0
椰油基二乙醇酰胺	2.5
乙二醇单硬脂酸酯	2.0
何首乌提取物	1.0
柠檬酸（调节 pH 值 6.5～6.9）	适量
防腐剂	适量
香精	适量
去离子水	加至 100.0

（3）温和香波　是现今香波发展的重要方向，已成为一些大的化妆品公司竞争和广告宣传的对象。作用温和的香波包括婴儿香波（baby shampoo）、天天洗头香波（daily hair shampoo）和不刺激香波（nonirrita shampoo）等。它们虽名称不同，但其基本功能和组分相近。这类香波的特点是使用温和的表面活性剂，活性物的含量也低，使用性能良好的调理剂，添加可降低表面活性剂刺激作用的辅助表面活性剂和添加剂，选用刺激性低的防腐剂和香精，有时不使用香精或使用低含量的香精。一般情况下，由于活性物含量较低，故泡沫功能和洗涤功能较一般香波差，黏度可能较低。从其组成看，这类香波是作用温和的调理香波。

①典型温和香波：配方见表 5-44。

制法：温和香波的制备与通用型香波制法相似。

表 5-44　配方 3　（典型的温和香波配方）

组　分	重量（％）
十二烷醇单乳酸酯三乙醇胺盐	21.0
月桂基 PEG-10 乙酸酯钠盐	4.0
椰油酰胺两性二丙酸盐	3.0
丙二醇	2.5
氯化钠	1.2
当归提取物	1.0
柠檬酸（调节 pH 值 7 ～ 7.5）	适量
防腐剂	0.2
香精	0.2
去离子水	加至 100.0

②婴儿香波：配方见表 5-45。

制法：与通用型香波的制法相似。

表 5-45　配方 4　（婴儿香波）

组　分	重量（％）
油酰胺 MEA 磺基琥珀酸	30.0
月桂醇醚硫酸酯钠盐（25％）	17.0
月桂酰胺丙基甜菜碱	4.0
氯化钠	3.0
人参提取物	0.5
着色剂	适量
防腐剂	适量
香精	适量
去离子水	加至 100.0

③低刺激香波：配方见表 5-46。

制法：与通用型香波的制法相似。

表 5-46 配方 5 （低刺激香波）

组 分	重量（%）
十二烷基聚葡糖苷	8.0
聚氧乙烯月桂醇醚乙酸酯钠盐	12.0
椰油酰胺 DEA	5.0
阳离子羟乙基纤维素（JR-400）	3.0
氯化钠	1.0
侧柏叶提取物	1.0
着色剂	适量
防腐剂	适量
香精	适量
去离子水	加至 100.0

④天天洗头香波：配方见表 5-47。

制法：将月桂醇醚硫酸酯钠盐、苯氧基乙醇、对羟基苯甲酸甲酯、对羟基苯甲酸乙酯、对羟基苯甲酸丙酯、对羟基苯甲酸丁酯、PEG-3 椰油酰胺硫酸酯镁盐、椰油酰胺丙基甜菜碱、氯化钠加入去离子水中搅拌溶解、分散均匀，必要时可加热溶解，加入柠檬酸调节 pH 值至 6.5～6.9，若加热需冷却至 35℃时加入胸腺提取液、咪唑烷基脲、水解弹性蛋白、氨基酸、香精搅拌均匀即可。

表 5-47 配方 6 （大大洗头香波）

组 分	重量（%）
月桂醇醚硫酸酯钠盐（w=30%）	35.0
咪唑烷基脲	0.3
PEG-3 椰油酰胺硫酸酯镁盐	8.0
水解弹性蛋白	3.0
动物胶原氨基酸	3.0
（动物）胸腺提取液（胸腺多肽）	5.0
氯化钠	3.0
椰油酰胺丙基甜菜碱	10.0
柠檬酸（10% 溶液）	0.5
香精	0.3
苯氧基乙醇及对羟苯甲酸甲酯、乙酯、丙酯、丁酯	0.5
去离子水	加至 100.0

（4）调理香波 国外市售香波名称常出现调理香波（conditioning shampoo）和香波调理剂（shampoo conditioning）。两者之间的区别是不明显的，前者首先侧重于洗涤性，其次为改善梳理性、手感和外观；后者则主要为减少湿发缠绕，改善干发和湿发的梳理性，防止头发过分脱脂。

制法：将去离子水升温至30℃，加入纤维素聚合物，搅拌均匀后，加入除香精、防腐剂凯松-CG、柠檬酸外的其他组分，加热至60℃，搅拌均匀，待体系冷却至40℃，加入柠檬酸调节 pH 值至6.5～6.9，加入凯松-CG、香精，冷却至室温即可（表5-48）。

表5-48 配方7（调理香波）

组 分	重量（%）
甲氧基聚乙二醇	2.5
羟乙基纤维素	0.9
羟丙基纤维素	0.1
月桂基硫酸酯铵盐	9.8
月桂醇醚硫酸酯铵盐	1.7
羟基十六烷基羟乙基二甲基氯化铵	1.0
凯松-CG（Kathon-CG）	0.1
月桂酰胺 DEA	1.5
二甲基硅氧烷/聚醚	2.0
余甘子提取物	0.8
柠檬酸	0.05
香精	适量
去离子水	加至100.0

（5）去屑香波 配方见表5-49。

制法：将硅酸铝镁、氯化钠加入去离子水中，搅拌至溶解，将体系升温至70～75℃，加入月桂基硫酸酯钠盐、乙二醇单硬脂酸酯、月桂酰胺 DEA、吐温-80和胶体硫，搅拌至溶解；体系降温至40℃，加入生姜提取物、着色剂、防腐剂、香精，搅拌均匀即可。

表 5–49　配方 8　（去屑香波）

组　分	重量（%）
硅酸铝镁	0.5
月桂基硫酸酯钠盐（30%）	50.0
乙二醇单硬脂酸酯	3.0
月桂酰胺 DEA（在 45℃熔化后加入）	3.0
吐温 –80 和胶体硫	1.0
生姜提取物	1.0
氯化钠	0.6
着色剂	适量
防腐剂	适量
香精	适量
去离子水	加至 100.0

（6）凝胶型香波　凝胶型香波（clear gel shampoo）是透明香波的变种，由于外观透明清澈，可配各种着色剂，制成外观诱人的产品。近年来，这类产品也开始流行。凝胶型香波的组分与透明香波接近，主要添加水溶性聚合物以改变体系的流变性质，一些两性表面活性剂，如甜菜碱、N– 脂酰谷氨酸等也有助于透明凝胶的形成。这类制品在制备过程中应特别注意水中钙和镁离子引起的浑浊以及体系的浊点变化。制备清澈透明、稳定性良好的产品，其体系中组分的配伍性是主要的问题。

制法：将羟丙基甲基纤维素加入水中，加热使其溶解分散均匀，然后加入其他组分搅拌溶解均匀，最后加入香精搅拌均匀即可（表 5–50）。

表 5–50　配方 9　（凝胶型香波）

组　分	重量（%）
椰油酰胺两性乙酸钠	15.0
月桂基硫酸酯三乙醇胺盐（40%）	25.0
椰油基二乙醇酰胺	10.0
羟丙基甲基纤维素	1.0
艾叶提取物	1.0
着色剂	适量
防腐剂	适量
香精	适量
去离子水	加至 100.0

（7）其他类型的香波 市售的香波名称各种各样，功能也多样化，有些公司为突出产品的特性和广告宣传，使用一些新的名称，有的沿用下来逐渐形成一类产品，有的则随着市场变化而消失。

二、护发化妆品

护发化妆品是指滋润头发，使头发亮泽的日用化学制品，主要品种有发油、发蜡、发乳、焗油、护发素等。

（一）发油

发油是一类无色或淡黄色透明的油性液体状化妆品，含油量高，不含乙醇和水，是重油型的护发化妆品。洗发后晾干头发，涂擦发油可恢复洗发后头发失去的光泽与柔软度，还可防止头发和头皮过分干燥，起到滋润和保养头发的作用。但由于发油有厚重的油腻感，使用者日益减少，已被其他发用品代替。

发油的主要原料是植物油和矿物油。常用的植物油有橄榄油、杏仁油、蓖麻油、茶籽油等；矿物油有白油、凡士林等。

制法：在常温下将全部油脂原料混合溶解，升温，同时搅拌，加热至40～60℃加入香精、抗氧剂、色素等，搅拌使其充分溶解，至发油清晰透明，冷却、过滤、静置、灌装（表5-51）。

表 5-51 配方 1 （发油）

组　分	重量（%）
橄榄油	40.0
杏仁油	40.0
蓖麻油	10.0
香橡果油	5.0
乳香油	5.0
色素	适量
抗氧剂	适量
香精	适量

（二）发蜡

发蜡是外观为透明或半透明的软膏状半固体型化妆品，是油、脂、蜡的混合物，其主要作用是修饰和固定发型，增加头发的光亮度，多为男性用品。由于发蜡黏性较高，油性较大，易粘灰尘，清洗较为困难，已逐渐被新型的护发用定发制品所代替。

发蜡的原料主要是油脂和蜡。按照原料的来源不同，可分为矿物型发蜡和植物型发蜡两种，矿物型发蜡的主要原料是凡士林及少量的白油，还添加适量的香精和油溶性色素；植物型发蜡的主要原料是蓖麻油及适量的香精等。

制法：将全部油、脂、蜡成分在一起熔化，搅拌，温度在40℃以下后加入香精、色素，搅拌均匀。注意不要在发蜡已部分凝固时进行搅拌或罐装，这样会使空气泡不易逃逸（表5-52）。

表5-52 配方2（发蜡）

组 分	重量（%）
矿物油	50.0
石蜡	20.0
凡士林	30.0
色素	适量
香精	适量

（三）发乳

发乳是一种光亮、均匀、稠度适宜、洁白的油-水体系乳化体。其主要作用是用于补充头发油分和水分的不足，使头发光亮、柔软，并达到适度的整发效果。发乳配方中，有30%～70%的水分替代了油分，因此使用时头发不发黏，感觉滑爽，且容易清洗，可以制成O/W型或W/O型，还可根据需要制成具有去屑、止痒、防止脱发等功效的药性发乳。

1. O/W型发乳 O/W型发乳的原料主要包括油相原料、水相原料、乳化剂和其他添加剂。油相原料主要有蜂蜡、凡士林、白油、橄榄油、蓖麻油等；水相原料有去离子水、保湿剂甘油、丙二醇等；添加剂主要指赋形剂、防腐剂、螯合剂及香精等。

制法：将油、脂等油性原料加热至70～75℃，使其充分熔化、溶解均匀制得油相；将去离子水、甘油、防腐剂等水溶性原料加热至90～95℃，搅拌使其充分溶解，制得水相；将水相缓缓加入油相均质搅拌乳化，继续搅拌冷至45℃时加入香精，降温至40℃以下，罐装（表5-53）。

表5-53 配方3（O/W型发乳）

组 分	重量（%）
C_{16}～C_{18}混合醇	2.0
甘油	3.0
凡士林	8.0
十八醇聚氧乙烯（25）醚	2.0

组　分	重量（%）
乙酰化羊毛脂	2.0
吐温 -60	2.0
白油	24.0
单硬脂酸甘油酯	4.0
防腐剂	适量
香精	适量
去离子水	加至 100.0

2. W/O 型发乳　W/O 型发乳的原料与 O/W 型基本相同，但配方中组分的组合和用量不同，一般 W/O 型的稳定性较 O/W 型差。但近年来，非离子型乳化剂的原料开发有很大的进展，使得 W/O 型的稳定性有很大提高。

制法：和 O/W 型发乳制法相似（表 5-54）。

表 5-54　配方 4（W/O 型发乳）

组　分	重量（%）
地蜡	3.0
凡士林	10.0
白油	25.0
肉豆蔻酸异丙酯	4.0
环状二甲基硅油	5.0
羊毛脂	5.0
聚乙二醇（7）氢化蓖麻油	3.0
吐温 -80	1.0
丙二醇	4.0
防腐剂	适量
香精	适量
去离子水	加至 100.0

（四）焗油

焗油的功能与一般护发素相同，主要由一些植物油所组成，涂抹后将头发温热（焗发），对干性头发效果显著。现今市售的焗油大多是 O/W 乳液，除含有油和脂类外，一般还添加季铵盐或阳离子聚合物作调理剂，其配方与护发素相近。

制法：将水相（羟乙基纤维素、水）与油相（PPG-12、PEG-50 羊毛脂及乙酰胺 MEA、PEG-75 羊毛脂、椰油基二甲基季铵化羟乙基纤维素、Germaben Ⅱ、油醇醚 -20、油酸酯基三甲基氯化铵）分别加热至 70 ～ 75℃，将水相缓缓加入油相中搅拌乳化，继续搅拌冷却至 45℃时加入香精，降温至 40℃以下，罐装（表 5-55）。

表 5-55　配方 5（焗油）

组　分	重量（%）
PPG-12、PEG-50 羊毛脂	1.50
乙酰胺 MEA	3.00
PEG-75 羊毛脂	0.05
羟乙基纤维素	0.05
椰油基二甲基季铵化羟乙基纤维素	0.05
防腐剂（Germaben Ⅱ）	1.00
油醇醚 -20	0.50
油酸酯基三甲基氯化铵	3.00
去离子水	加至 100.0

（五）护发素

护发素是继香波后出现的以阳离子表面活性剂（季铵盐类）为主要成分的护发化妆品，其中混有油分，并多加入增加功效的营养剂和疗效剂。商品护发素中涂抹型包括发乳（多属于 O/W 型乳化膏体），是一种轻油性护发用品，能在头发表面成膜，具有柔润头发的作用，使头发富有弹性、光泽，易于梳理，成为洗发、烫发和染发后的必备用品之一。

由于阴离子表面活性剂与阳离子表面活性剂复合配制通常会降低效用，且阳离子聚合物及调理香波大多存在易聚积的弊端，因此目前仍以洗发、护发分开处理效果更佳。

制法：将水相加热沸腾 5 分钟灭菌，油相加热熔化，于 75℃将水相加入油相中搅拌乳化，冷却至 45℃时加入香精搅拌均匀即可（表 5-56）。

表 5-56　配方 6（普通淋洗型护发素）

组　分	重量（%）
十六烷基三甲基氯化铵	1.5
硅油	2.0
十六醇	2.5

续表

组　分	重量（%）
白油	3.0
羊毛脂	1.0
棕榈酸异丙酯	3.0
聚氧乙烯（20）失水山梨醇单硬脂酸酯	1.0
聚乙烯醇	0.5
防腐剂	适量
抗氧剂	0.2
香精	0.5
去离子水	加至 100.0

三、整发化妆品

整发化妆品（整发剂）也称为固发剂，是固定头发的化妆品，为头发修饰过程中最后使用的化妆品类型的统称。整发剂除了指提供整理发式、保持定型的整发产品外，还包括给予头发光泽和延缓湿度丧失为目的的产品。它们的功能各不相同，其物理形态也不相同。目前常用的品种有摩丝、喷雾发胶以及发用凝胶等。

同护发制品一样，为达到良好的修饰效果，整发制品的内聚力和黏着力必须平衡。

（一）喷雾发胶

喷雾发胶的作用是定型和修饰头发，以满足各种发型的需要，属气溶胶化妆品类型。其配制原理是将化妆品原液和喷射剂一同注入耐压的密闭容器中，以喷射剂的压力将化妆品原液均一地喷射出来，由于喷射剂气体的突然膨胀，使化妆品原液呈雾滴状分散于空气中，而成为气溶胶状态，因携带方便、分布均匀、形式新颖等特点而受到欢迎。喷出的发胶在头发表面能立即形成韧性的透明薄膜，发胶膜耐水且可增强头发光泽，利用发间的黏和，起到保持和固定发型的作用，并可在洗发后除去。喷雾发胶的要求包括：喷雾较细小，喷射力较温和，在短时间内能分散于较大面积，干燥快，成膜，有黏附力且有韧性、光泽，不积聚，易清洗去除。

喷雾发胶主要由四部分组成：化妆品原液、喷射剂、耐压容器和喷射装置。

1. 化妆品原液 是气溶胶制品的主要成分，也是其基质成分。其中含有成膜剂、少量的油脂和溶剂、中和剂、添加剂及溶入的喷射剂等。

（1）成膜剂 是固发剂的重要组分，作为一个好的成膜剂既要能固定发型，又能使头发柔软，这就要求成膜物质具有一定的柔软性。早期选用天然胶质（如虫胶、松香、树胶等）为成膜剂，现多选用合成高分子物，常用的有水溶性树脂，如聚乙烯醇、聚乙烯吡咯烷酮及其衍生物、丙烯酸树脂及其共聚物等。这类高分子化合物合成进展很快，不断有性能各异的新品种出现，但这些树脂柔软性稍差，往往需添加增塑剂，如油脂等，以增强聚合物膜的柔软、自然性。

（2）溶剂　作用是溶解成膜物，一般是水、醇（乙醇、异丙醇）、丙酮、戊烷等。

（3）中和剂　是中和酸性聚合物的含羧基基团物质，以提高树脂在水中的溶解性。其中和度要适当，中和度越大，越易从头发上洗脱，但相应的抗湿性就越差，与烃类喷射剂的相溶性就越低。常使用的中和剂有氨甲基丙醇、三乙醇胺、三异丙醇胺、二甲基硬脂酸胺等。

（4）添加剂　主要指香精和增塑剂，常用的增塑剂有月桂基吡咯烷酮、$C_{12}\sim$ C_{15} 醇乳酸酯、己二酸二异丙酯、乳酸鲸蜡酯等。目前较为新型的增塑剂有二甲基硅氧烷等，与其他组分调配后，使头发光泽且有弹性，不互相黏接，容易漂洗，不残留固体物。

2. 喷射剂　主要包括液化气体和压缩气体。液化气体常使用加压时容易液化的气体。除提供动力外，还能和原液的有效成分混合在一起，成为溶剂，也可作为原液中的成分之一。以前常用的是氟利昂，因环保问题，目前已限用或禁用。现常用的有低级烷烃、醚类、氯氟烃等。低级烷烃如丙烷、正丁烷、异丁烷等，是廉价的可燃性气体。醚类（如二甲醚）在水中的溶解性好，也常用于喷雾发胶的制备。

3. 耐压容器　气溶胶制品的容器必须是耐压容器，而且要求防腐性好，所使用的材料有金属铝、镀锡铁皮（马口铁）、玻璃和合成树脂等。各类物质的耐压性、密闭性和防腐性能各不相同。

4. 喷射装置　气溶胶制品的喷射装置结构与一般喷雾器的结构相同，均由盖、按钮、喷嘴、阀杆、垫圈、弹簧和吸管组成。装置的结构如图5-2所示。

喷射装置的部件要承受原液和喷射剂气体的压力，材料除封盖和弹簧为金属外，其余皆为特殊塑料制品。喷射装置的质量对气溶胶制品的使用影响较大，一旦喷射装置失灵，则整个气溶胶制品不能再应用。

喷雾发胶配制的一般步骤：先将中和剂溶解于溶剂（如乙醇）中，在良好的搅拌条件下，缓缓加入成膜剂，令聚合物溶解于其中，继续搅拌至聚合物完全溶解，然后逐一加入其余组分，搅拌均匀，经过滤、装罐和加压即得。不含中和剂的配方制备时，首先将成膜剂、油脂、表面活性剂、香精等溶于乙醇或水中，然后把溶解液与喷射剂按一定比例混合密闭于容器中，加压即可。

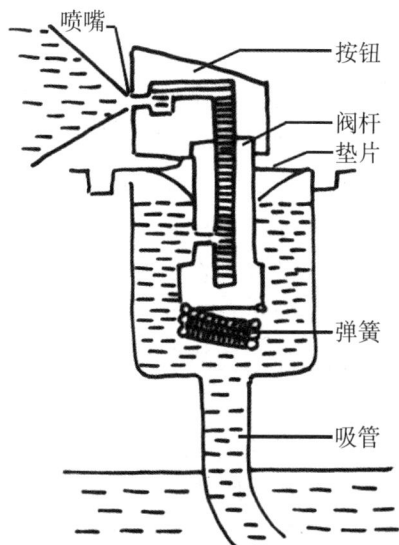

图5-2　喷发胶的喷射装置结构

制法：先将无水乙醇加入搅拌锅中，依次加入辅料和 PVP/VA 共聚物，搅拌使其充分溶解（必要时可加热），经过滤制得原液。按配方将原液充入气压容器内，安装阀门后按配方量充气即可（表 5-57）。

表 5-57　配方 1 （无水喷雾发胶）

组　分	重量（%）
PVP/VA 共聚物	1.5
聚氧乙烯羊毛脂	0.1
油醇醚 -5	0.5
无水乙醇	47.9
丙烷 / 丁烷喷射剂（40∶60）	50.0

在喷雾发胶的配方设计中，要考虑到喷雾发胶产品在使用后的感觉特性，这些特性可表现为平滑感、弹性、硬度，还有定型特性和白屑出现率等。

（二）摩丝

摩丝是一种气溶胶泡沫状润发定发产品，使用时喷射出"奶油"泡沫状物质，故就以其形而得名摩丝。摩丝的原料主要有成膜剂、发泡剂、溶剂、抛射剂和添加剂等。

1. 成膜剂　摩丝中的成膜剂现多采用合成的水溶性高分子化合物，上述喷雾发胶的成膜剂原料也都可作为摩丝的成膜剂。另外适宜于配制摩丝成膜剂的还有聚季铵盐类、聚乙烯甲酰胺（PVF）。

2. 发泡剂　常用的发泡剂一般选用脂肪醇聚氧乙烯醚类及山梨醇聚氧乙烯醚类等非离子表面活性剂，其除了具有发泡作用外，还与树脂有良好的相溶性。

3. 溶剂　摩丝中的溶剂主要是水，可形成稳定的泡沫；还有水 / 醇混合体系，这样可减少黏性且膜干得较快。

4. 抛射剂　摩丝所使用的抛射剂主要是液化石油气，有丙烷、丁烷等，最常用的是异丁烷，近年来较推崇二甲醚。

5. 添加剂　常用的添加剂有硅油及衍生物、羊毛脂衍生物、骨胶水解蛋白及甲基聚氧乙烯（聚氧丙烯葡萄糖醚）等，同时还添加少量的香精，使摩丝具有芳香的气味。

制法：将甘油、水溶性硅油、乳化硅油搅拌混合均匀后，一边搅拌一边慢慢加入 PVF、聚季铵盐 -4，至完全分散溶解后，再加去离子水及其他原料，当溶液完全均匀后，经过滤，按配方加入气压容器内，装上阀门后，按配方压入喷射剂（表 5-58）。

表 5-58　配方 2（摩丝）

组　分	重量（%）
PVF	3.0
聚季铵盐 -4	0.5
乳化硅油	0.5
表面活性剂	0.6
水溶性硅油	0.4
甘油	1.0
泛醇	0.5
丁烷	4.9
丙烷	2.1
香精	适量
去离子水	加至 100.0

（三）发用凝胶

发用凝胶也称为发用啫喱膏，其功用与喷发胶、摩丝的作用类同，但它的黏着力较弱，容易用水洗去。发用凝胶的原料主要有成膜剂、凝胶剂、中和剂、溶剂和添加剂等。

1. 成膜剂　用作喷雾发胶、摩丝成膜剂的各种聚合物一般都可作为发用凝胶的成膜剂。在选用时，需依据发用凝胶的特点及要求进行选取，此外，还可使用羟乙基纤维素及阳离子纤维素醚。

2. 凝胶剂　目前凝胶产品的凝胶剂主要是采用丙烯酸聚合物类产品。实际上凝胶剂也是一种增稠剂，如 Carbopol 系列产品，此外还有丙烯酸酯与亚甲基丁二酸酯共聚物，商品名为 Struclure 2001。

3. 中和剂　发用凝胶常用的中和剂为三乙醇胺、氢氧化钠及氨甲基丙醇等。

4. 溶剂　发用凝胶所采用的溶剂是水，其用量比较大，使得凝胶在成本上较低廉。

5. 添加剂　发用凝胶的添加剂常有增溶剂，通常为非离子表面活性剂。由于紫外线有破坏凝胶的作用，故在凝胶中常添加紫外线吸收剂；金属离子也会破坏凝胶，故在凝胶中常添加螯合剂；另在凝胶中常添加香精、色素和防腐剂。

制法：将吐温 -20、PVF、聚季铵盐、甜菜碱、泛醇加入去离子水中搅拌溶解均匀，最后加入香精、防腐剂混合均匀即可（表 5-59）。

表 5–59 配方 3 （发用凝胶）

组 分	重量（%）
PVF	1.00
聚季铵盐 –4	0.75
聚季铵盐 –10	0.75
甜菜碱	0.20
泛醇	0.20
吐温 –20	0.40
防腐剂	0.05
香精	适量
去离子水	加至 100.0

四、剃须化妆品

剃须过程中所使用的化妆品可以分为剃须前和剃须后两类。剃须前使用的化妆品归属于洁肤类化妆品；剃须后所使用的化妆品主要作用是护理皮肤，调理受损伤的皮肤，预防和减少皮肤发炎，故它属于护肤化妆品。

（一）剃须前用化妆品

1. 泡沫剃须膏 泡沫剃须膏是一类 O/W 型乳化膏体，是高比例的皂基在甘油等保湿剂和水中的分散体系，由皂基脂肪酸、碱、其他阴离子表面活性剂、非离子表面活性剂、保湿剂、润肤剂、增稠剂、防腐剂、螯合剂、香精等成分组成。

制法：其配制可参考前面清洁霜的配制方法（表 5–60）。

表 5–60 配方 1 （泡沫剃须膏）

组 分	重量（%）
硬脂酸	30.0
椰子油脂肪酸	7.0
氢氧化钾	15.0
甘油	9.5
羊毛脂	1.0
去离子水	37.5
薄荷脑	3.0
防腐剂	适量
香精	适量

2. 无泡剃须膏 无泡剃须膏是与泡沫剃须膏相对而言的，它更类同于一般护肤膏霜，配方与泡沫剃须膏相比，减少了可产生泡沫的脂肪酸（盐）和表面活性剂的含量。

配方中增加了润肤剂含量，多选用优质的矿物油、植物油脂及脂肪酸酯（如白油、橄榄油、棕榈酸异丙酯、辛酸 / 癸酸三甘油酯等），还常添加具有护理、调理皮肤的多种调理剂、活性物质、植物精华素及中草药制剂等，使产品减少刺激性的同时，具有护肤和修复受损皮肤的作用。表 5-61 的配方 2（无泡剃须膏）为皂基型乳化体系。

制法：将硬脂酸、羊毛脂、白油和 Carbopol 934 在适当的容器内加热至温度 80℃，将去离子水和防腐剂在另一容器内加热至同样的温度，加入三乙醇胺和三异丙醇胺混合后即倒入油溶液中，并不断地搅拌至膏体逐渐变厚，当冷却至 40℃时加入香精并搅拌均匀，静置过夜再搅拌几分钟即行灌装（表 5-61）。

表 5-61　配方 2（无泡剃须膏）

组　分	重量（%）
白油	10.0
羊毛脂	5.0
硬脂酸	3.0
Carbopol 934	1.5
三乙醇胺	3.0
三异丙醇胺	1.0
防腐剂	适量
香精	适量
去离子水	加至 100.0

3. 剃须水 剃须水是针对使用电动剃须刀而设计的。电动剃须与手动剃须具有不同的特性和要求，电动剃须时需须毛硬挺，皮肤绷紧，这样才便于剃须。剃须水配方中的组分主要是具有收缩皮肤作用的乙醇及助溶剂和具有护肤、修复受损皮肤，预防和减少皮肤炎症及具有清凉作用的各种添加剂。

制法：将红没药醇、己二酸二异丙酯、薄荷脑溶于乙醇中，混合均匀后，补足去离子水，搅拌至透明的液体即可（表 5-62）。

表 5-62　配方 3（剃须水）

组　分	重量（%）
红没药醇	0.1
己二酸二异丙酯	2.0
薄荷脑	0.1
乙醇	70.0
去离子水	加至 100.0

（二）剃须后用化妆品

剃须后用化妆品的作用是护理受损伤的皮肤，一般产生稍微凉快感、局部麻醉、温和收敛或润肤作用。剃须后用化妆品的剂型多样，有露、乳、霜等，组成一般多含乙醇，调整乙醇和水的比例可达到温和的收敛和清凉作用。另外，多会加入乳化剂、保湿剂、清凉剂、收敛剂、消毒剂及其他植物活性成分。

制法：将薄荷醇、春黄菊提取物溶解于乙醇中，将芦荟胶、乳酸钠溶解于去离子水中，然后将两者混合均匀即可（表 5-63）。

表 5-63　配方 4 （须后润肤露）

组　分	重量（%）
乙醇	79.65
薄荷醇	0.10
春黄菊提取物	0.25
芦荟胶	2.00
乳酸钠	2.00
去离子水	加至 100.0

第三节　口腔卫生用品

口腔卫生用品对保持人体健康和预防疾病是十分重要的，注意口腔卫生可以减少龋齿、牙周炎、口腔溃疡、口臭等疾病的发生。保持口腔卫生最有效的方法是刷牙、漱口等，常用的口腔卫生用品有牙膏、牙粉、漱口剂等，其中牙膏是应用最广、最普及的口腔卫生用品。本节将主要介绍牙膏的作用、分类、组成及相关的配方，另外简单介绍漱口剂的组成及配方。

一、牙膏

（一）牙膏的作用和分类

牙膏是与牙刷配合，通过刷牙达到清洁、保护、健美牙齿作用的一种口腔卫生用品。为了能达到上述作用，牙膏应具有如下性能要求：具有适宜的摩擦力；具有良好的发泡性；具有抑菌和防龋作用；有舒适的香味和口感；稳定性好；安全性好。

（二）牙膏的组成

牙膏的组成主要有摩擦剂、胶黏剂、洗涤发泡剂、保湿剂、甜味剂、防腐剂和香精等。此外，具有特殊作用的牙膏还要加入起特殊作用的添加成分。

1. 摩擦剂　是牙膏具有清洁牙齿作用的主要成分，常用的多为无机粉末摩擦剂，一般占配方的 20% ～ 50%。常用于牙膏的有碳酸钙 [$CaCO_3$]、二水合磷酸氢钙 [$CaHPO_4 \cdot 2H_2O$]、焦磷酸钙 [$Ca_2P_2O_7$]、水不溶性偏磷酸钠 [($NaPO_3$)$_n$]、氢氧化铝 [$Al(OH)_3$]、二氧化硅 [$Si_2O \cdot xH_2O$] 等。此外，还有磷酸钙、铝硅酸钠等无机粉末摩擦剂。

2. 胶黏剂　胶黏剂是牙膏中的胶质性原料，其主要作用是防止牙膏的粉末成分与液体成分分离，并赋予膏体以适当的黏弹性和挤出成型性。一般用量为 1% ～ 2%。常用于牙膏的胶黏剂有天然胶黏剂，如海藻酸钠、阿拉伯胶等；改性天然胶黏剂，如羧甲基纤维素、羟乙基纤维素等；合成胶黏剂，如聚乙烯醇、聚乙烯吡咯烷酮、聚丙烯酰胺等；无机胶黏剂，如胶性二氧化硅、硅酸铝镁等。

3. 洗涤发泡剂　牙膏中的洗涤发泡剂即牙膏中添加的表面活性剂，其作用是使牙膏具有去污、起泡的能力。常用的洗涤发泡剂有十二烷基硫酸钠、月桂酰基肌氨基酸钠、月桂醇磺乙酸钠、月桂酰基谷氨酸钠等。

4. 保湿剂　牙膏的保湿剂又称赋形剂，其作用是保持膏体水分，使其不易变干、硬而易于挤出；还可以使膏体具有一定黏度和光滑度。其用量在普通牙膏中一般为 20% ～ 30%，透明牙膏中高达 70%。用作牙膏保湿剂的一般为多元醇，如丙二醇、甘油、山梨醇、木糖醇、聚乙二醇等。丙二醇的吸湿性很大，但略带有苦味；甘油、山梨醇有适度的甜味；木糖醇既有蔗糖的甜味，又有保湿性和防腐作用。

5. 甜味剂　甜味剂用于矫正香精的苦味、摩擦剂的粉尘味等。用作牙膏甜味剂的有糖精（$C_6H_4CONHSO_2$）、木糖醇、甘油等。用量一般为 0.05% ～ 0.25%。

6. 香精　香精的作用是用来掩盖牙膏中各种成分所产生的异味，并能在刷牙之后使人感到有清新、爽口的香味。常用的香精香型有留兰香型、薄荷香型、果香型及冬青香型等。用量为 1% ～ 2%。

7. 防腐剂　防腐剂的作用是防止添加的胶黏剂、甜味剂等因长时间贮存而发生霉变。常用的防腐剂有苯甲酸钠、尼泊金甲酯或丙酯和山梨酸等，用量为 0.05% ～ 0.5%。

8. 植物功效性成分　近年来，植物提取物添加于药物牙膏中，起到防龋、脱敏等作用。如两面针、草珊瑚、田七、三七、芦丁、连翘、杜仲等提取物。

（三）牙膏的配方

1. 普通牙膏　普通牙膏是指不添加任何药物成分的牙膏，其主要作用是刷净牙齿表面，清洁口腔，预防牙垢和龋齿的发生，保持牙齿洁白和健康。由于其防止牙病的能力差，逐渐被具有疗效的药物牙膏替代。

普通牙膏从膏体上可以分为透明牙膏与不透明牙膏。

（1）普通不透明牙膏　配方见表 5-64。

制法：将保湿剂甘油与胶黏剂羧甲基纤维素均匀分散，加入水后使胶黏剂溶胀成胶溶体。放置一定时间后，拌入摩擦剂二水合磷酸氢钙，并加入稳定剂焦磷酸钠、发泡剂十二烷基硫酸钠、甜味剂糖精、功效成分三七提取物、香精、防腐剂等，经研磨、贮存陈化，真空脱气，即制得膏体。

表5-64　牙膏配方1　（普通不透明牙膏）

组　分	重量（%）
二水合磷酸氢钙	49.0
焦磷酸钠	1.0
甘油	25.0
羧甲基纤维素	1.2
十二烷基硫酸钠	3.0
三七提取物	0.5
糖精	0.3
防腐剂	适量
香精	1.3
去离子水	加至100.0

（2）普通透明牙膏　透明牙膏的摩擦剂多为二氧化硅，用量在20%左右，保湿剂用量也相应增加，可达50%～70%。

制法：普通透明牙膏制备与普通牙膏相似（表5-65）。

表5-65　牙膏配方2　（普通透明牙膏）

组　分	重量（%）
二氧化硅	25.0
山梨醇（70%）	30.0
甘油	25.0
羧甲基纤维素钠	0.5
十二烷基硫酸钠	2.0
糖精	0.2
防腐剂	适量
香精	1.0
去离子水	加至100.0

2.防龋牙膏　防龋牙膏主要具有防止龋齿、防治牙龈炎、消除口臭等作用。防龋牙膏有含氟化物牙膏、加酶牙膏、中草药牙膏等。其作用主要是通过抑制乳酸菌等微生物，降低由于细菌酸败后对牙齿的腐蚀，促进氟化物在牙釉质表面形成不溶物沉淀，而增强牙釉质表面的硬度等，从而达到防治龋齿的作用。

含氟化物牙膏是应用最广的防龋牙膏，它由能够离解为氟离子的水溶性氟化物加入膏体中制得。常用的氟化物有氟化钠、氟化亚锡、氟化锶、单氟磷酸钠等。其用量一般在 1% 以下，还要根据氟化物的种类不同而定，一般成人含氟牙膏要求游离氟或可溶性氟量在 0.05% ～ 0.15%。对于饮用水含氟量高的地区，不宜用含氟牙膏。

3. 防牙垢牙膏　牙垢，又称为牙结石。由于牙结石和牙菌斑的产生是引起龋齿和牙周病的重要原因，因此，抑制和清除牙结石和牙菌斑是预防牙病和保护牙齿的有效方法。用于牙膏中起到抑制和清除牙结石和牙菌斑的主要成分有两类：一类是化学去垢成分，另一类是酶制剂成分。

化学去垢成分有尿素、柠檬酸锌、聚磷酸盐等。尿素添加于牙膏中可以防止牙垢的沉积，并使已形成的结石脱除；柠檬酸锌的锌离子能阻止过饱和的磷酸离子与钙离子生成磷酸钙沉淀，柠檬酸锌与氟化钠等配合使用，其溶解牙结石和抑制菌斑形成的效果较好；聚磷酸盐是有效的抗结石剂。这些化学成分一般与焦磷酸钙、氢氧化铝、二氧化硅等摩擦剂配伍性好。

酶制剂作用是利用酶的催化性能，使难溶解的沉淀物转化为水溶性物质，而达到抑制和清除牙结石和牙菌斑的作用。添加的酶类有聚糖酶、淀粉酶、蛋白酶和溶菌酶等。加酶牙膏在配制过程中的关键是需要保持酶的活性。

4. 脱敏牙膏　脱敏牙膏对牙齿遇冷、热、酸、甜等引起牙痛的过敏症有一定疗效。其膏体中通常加入化学脱敏剂或中草药脱敏剂等，可起到脱敏作用。化学脱敏剂有氯化锶（$SrCl_2$）、硝酸钾、甲醛、柠檬酸及其盐类等。中草药脱敏剂有细辛、荆芥、川芎、藁本、草珊瑚等中草药提取液。

二、漱口剂

漱口剂也称口腔清洁剂，简称漱口水。漱口水的特点是漱洗方便，不需要用牙刷配合就可以达到清洁口腔的目的。它的主要作用是杀菌，除去腐败、发酵食物碎屑，祛除口臭和预防龋齿等。

漱口剂由杀菌剂、保湿剂、表面活性剂、香精、防腐剂、酒精等组成。

（1）杀菌剂　主要是阳离子表面活性剂，如含 C_{12} ～ C_{18} 长碳链的季铵盐类，还有苯甲酸等。除杀菌作用外，还起发泡等作用。

（2）表面活性剂　除上述阳离子表面活性剂外，还有非离子、阴离子表面活性剂，主要起发泡、增溶、清除食物碎屑等作用。

（3）保湿剂　在漱口剂中起到增稠、增加甜味和缓冲刺激作用，一般用量为5% ～ 20%。常用的保湿剂有甘油、山梨醇等多元醇。

（4）乙醇与水　是组成漱口剂的主要溶液部分，乙醇除有溶剂作用外，还有杀菌、防腐等作用。

（5）香精　在漱口剂中有重要作用，它使漱口剂具有愉快的香味，漱口后在口腔内留有芳香气味，掩盖口臭。常用的香精有冬青油、薄荷油、黄樟油和茴香油等，其用量为 0.5% ～ 2.0%。

制法：将增溶剂（聚氧乙烯失水山梨醇单硬脂酸酯）、矫味剂（山梨醇、薄荷油、丹皮酚）、香精等加入乙醇中搅拌溶解，另将杀菌剂（十六烷基吡啶氯化铵）、酸度调节剂（柠檬酸）等加入水中搅拌溶解，将水溶液加入乙醇溶液中混合，并加入色素混合均匀，陈化，冷却（5℃），然后过滤即可（表5-66）。

表 5-66　配方 3　（漱口水）

组　分	重量（%）
十六烷基吡啶氯化铵	0.1
聚氧乙烯失水山梨醇单硬脂酸酯	0.3
山梨醇（70%）	20.0
乙醇	25.0
柠檬酸	0.1
薄荷油	0.1
丹皮酚	0.2
色素	适量
香精	适量
去离子水	加至 100.0

第四节　特殊化妆品

特殊化妆品是指具有某些特殊使用功能的化妆品。2021年1月1日起施行的《化妆品监督管理条例》规定："化妆品分为特殊化妆品和普通化妆品。国家对特殊化妆品实行注册管理，对普通化妆品实行备案管理。"这说明特殊化妆品是化妆品的一类，应符合化妆品的定义。特殊化妆品是指用于染发、烫发、防脱发、祛斑美白、防晒的化妆品及宣称新功效的化妆品。特殊化妆品经国务院药品监督管理部门注册后方可生产、进口。

一、染发化妆品

染发化妆品，是以改变头发颜色为目的，使用后即时清洗不能恢复头发原有颜色，达到美化毛发之目的的化妆品，一般又称为染发剂。

染发剂按所采用的染料不同，分为合成有机染料染发剂、天然植物染发剂、矿物性染发剂以及头发漂白剂等。使用的染发剂必须是《化妆品安全技术规范（2015年版）》表7中的化妆品准用染发剂。

（一）合成有机染料染发剂

合成有机染料染发剂是指采用化学合成法制得的有机染料或染料中间体作为染发成分的一类染发剂。根据染发后颜色保持时间的长短，染发剂一般分为暂时性染发剂、半持久性染发剂和持久性染发剂。

1. 暂时性染发剂　暂时性染发剂（temporary hair colorants）通常只是暂时性黏附在头发纤维使头发着色，用洗发水洗涤一次就可全部除去。暂时性染发剂染料一般为水溶性酸性染剂，它与阳离子表面活性剂络合生成细小的分散颗粒，这些颗粒较大，不能透过毛小皮进入头发皮质，其结果是这些染料络合物沉积在头发的表面上形成着色覆盖层。因此，被吸附的染料络合物与头发的相互作用不强，较容易被洗发水洗去。

暂时性染发剂常用的染料包括酸性染料、碱性染料、分散染料、无机或有机颜料、色淀、金属颜料等。按照化学物质分类，它们主要分属于偶氮、蒽醌、三苯基甲烷、吩嗪、苯醌亚胺类染料等。

2. 半持久性染发剂　半持久性染发剂（semi-permanent hair colorants）一般是指能耐 6 ~ 12 次洗发水洗涤（有的制造商定为 4 ~ 6 次洗涤）才褪色，并且不需要过氧化氢作为显色氧化剂的染发剂。将半持久性染发剂涂于头发上，停留 20 ~ 30 分钟后，用水冲洗，即可使头发染色。其作用机理是相对分子质量较小的染料分子渗透进入头发毛小皮，部分进入皮质，因而这种染色剂比暂时性染发剂更耐洗发水洗涤。

半持久性染发剂所用的染料包括硝基苯二胺、硝基氨基苯酚、氨基蒽醌、萘醌、偶氮、碱性染料和金属化染料等，很多情况下是复配使用的。由于这类染料分子结构相似，因此能确保每种色调对头发亲和力相近，使染发和洗涤过程的色调不会因各种染料亲和力的不同而引起变化，易于配成各种色调，且它们与头发配伍性好，不会严重影响头发的天然光泽，有良好的耐光性。

3. 持久性染发剂　主要为氧化型染发剂。其配方组成主要包括染料中间体、偶联剂和氧化剂等。持久性染发剂（permanent hair dyes）与上述两类染发剂不同，通常不使用染料，而是含有染料中间体和偶合剂或改性剂。染料中间体化合物主要包括对苯二胺、对氨基苯酚、间氨基苯酚、间苯二酚等。偶合剂是一类间位有氨基或羟基取代的芳香化合物。染发时，这些中间体和偶合剂首先渗透进入头发的皮质和髓质，在氧化剂（如过氧化氢）作用下染料中间体发生氧化反应，再与偶合剂偶联，缩合形成靛胺等有色大分子。该染料分子被封闭在头发纤维内。由于染料中间体和偶合剂的种类、含量比例不同，故产生色调不同的反应产物，各种染料产物组合成不同的色调，使头发染上不同的颜色。由于染料大分子是在头发纤维内通过中间体和偶合剂小分子反应生成，因此在洗涤时，形成的染料大分子不容易通过头发纤维的孔径被冲洗除去，从而使头发的色调有较长的持久性。

使用方便是持久性染发剂的优点，但可能会引起过敏性皮炎等症状，具有一定的风险。应按《化妆品安全技术规范（2015 年版）》规定，在产品标签上均需标注警示语，如染发剂可能引起严重过敏反应，使用前请阅读说明书，并按照其要求使用等。

（二）天然植物染发剂

最早使用的染发剂是植物性染发剂，我国很多历史文献中记载到，古人用于染发的天然植物有五倍子、何首乌、墨旱莲、青皮、柯子、石榴根等，这类染发剂没有原发性刺激，不会引起皮肤过敏，对人的身体健康危害较小；但染发的色泽缺乏自然感，染后头发略显粗糙等，应用范围有限。未来更先进的现代技术，将推进植物染发剂的发展，使其在化妆品领域占有一席之地。

天然染发剂的染色机理不同于氧化性染发剂，它的上色成分是从植物中提取得到的色素成分及其活性成分。色素吸附型染发剂主要是通过提取各种植物中色素成分，利用各种色素成分与表面活性剂络合成微小颗粒，使其有效地覆盖于头发表皮，利用植物色素自身的颜色达到染发的目的。此类植物染料的典型代表植物有桑椹、紫草、红辣椒、姜黄、红花、黑芝麻、黑木耳等。

植物活性成分与金属盐络合型染发剂主要是通过植物中的活性成分与金属盐类即媒染剂产生络合反应进行显色，然后该络合物通过渗透进入头发表皮或头发皮质的方式进行上色。此类染发成分主要来源于富含多元酚和富含单宁酸的植物。目前使用较为成功的植物染发剂原料大多数来自多元酚类植物，该类成分具有较为良好的上色性和稳定性，代表性植物主要有五倍子、柑橘、何首乌、黑豆、柿子叶与甘草等。

（三）矿物性染发剂

矿物性染发剂也是较早被采用的染发剂，古人就用醋中浸过的铅梳头而使头发色泽变深。矿物性染发剂不是染料，而是固体金属盐本身的颜色螯合于头发角蛋白质的表面，一般是不能渗入发髓的，所以经过摩擦、梳洗后均会脱色，而且经金属盐染发后头发变硬、发脆。所用的金属盐（如铅、银、铜、镍、铁、铋、锰、钴等的盐类）辅加其他碱类可使头发角蛋白质膨胀，以利于螯合。如硫黄与醋酸铅变成黑色的硫化铅，或由高价锰变成低价锰，螯合于头发的表面，而显出各种金属化合物的颜色。在染发前，先用巯基乙酸铵或巯基酰胺等预处理头发，可使染发色泽稳定，同时使染发色泽加深。

（四）头发漂白剂

利用氧化剂对头发黑色素进行氧化分解，可使头发褪色。根据氧化剂的浓度、头发和氧化剂接触的时间、漂染的次数等不同，可将头发漂成各种不同的色调。黑色或棕色头发经漂白通常按下列颜色变化：黑色（棕黑色）→红棕色→茶褐色→淡茶褐色→灰红色→金灰色→浅灰色。

目前应用最多的头发漂白剂是过氧化氢，此外还有一些固体氧化物如过氧化尿素等。

二、烫发化妆品

烫发化妆品是指具有改变头发弯曲度，并维持相对稳定功能的化妆品。作为一种重要的化妆艺术，烫发的历史可以追溯到古埃及。根据文献资料记载，约公元前3000年，埃及妇女将湿泥涂于头发上，经太阳晒干后做人工卷曲。这种加热头发使其发生物理变形，从而实现发型改变的方法是热烫法。20世纪早期，电烫发方法也属于热烫法。此方法工序繁琐，对头发有损伤，使发质变脆，暗淡无光泽。1941年，McDonough提出了以巯基甘油和巯基乙酸为原料的冷烫剂的专利，标志着化学烫发方法的问世。与热烫法相对应，化学烫发法可以在相对较低或室温下进行，因而又称为冷烫。

（一）烫发的原理

头发主要是由角蛋白构成。沿头发主轴，纵向排列的角蛋白分子长链间存在着五种相互作用：离子键（或盐键）、氢键、二硫键、范德华力、肽键。这些相互作用使得角蛋白分子间互相交联，从而赋予头发弹性。无论是使头发弯曲或对其拉伸，只要加力不超过界限值，在应力消除后，会立刻恢复原状。但这些相互作用可被化学试剂破坏。化学烫发，即采用还原剂（冷烫1剂）先破坏二硫键，打开角蛋白分子长肽链，使其暂时丧失弹性；然后在设定的新位置上，应用氧化剂（冷烫2剂），通过氧化作用使肽链之间的二硫键在新的位置上形成，这些新形成的二硫键使头发保持新设定的形状。

含有巯基的化合物，如巯基乙酸及其衍生物，可破坏二硫键，其还原反应如下：

$$2R-SH+Ker-S-S-Ker \longrightarrow 2Ker-SH+R-S-S-R$$

其中，RS^-代表硫醇盐离子；Ker代表角蛋白。随着二硫键被破坏，在头发上存在游离的$KerS^-$基团，二硫键储存的应力也释放出来。实践发现，当冷烫剂破坏30%的二硫键时，卷发效果较好；另外，适当加热，可降低冷烫1剂的用量，同样可获得较好的烫发效果。还原阶段完成以后，用水冲去头发上的还原剂、碱和溶剂，使用氧化剂（如过氧化氢）作中和剂，使二硫键形成，重新形成胱氨酸。由于头发在形变状态下形成了二硫键，因而实现头发的长时间形变，产生永久性卷曲。其反应通式如下：

$$2Ker-SH+[O] \longrightarrow Ker-S-S-Ker+H_2O$$

（二）烫发的方法

1. 水烫　水烫是将头发在潮湿情况下，卷绕在卷发棒上自然干燥或用蒸汽处理干燥而达到卷发的效果。水烫的原理是利用毛发结构中的氢键遇水后打开，而且随温度越高，断裂氢键越多，部分氢键发生了重排，不会导致分子链完全分开与拉直。一旦再次与水接触，头发又会因原有形状的内在力而恢复原状，氢键回归原位，所以水烫是暂时的烫发方法。

2. 火烫　利用火夹工具预先受热烫发，对头发进行卷曲，本方法对头发损伤较重，现在基本不用了。

3. 电烫　电烫是一种较老的传统方法，利用药液和加热使卷好的头发卷曲成型，药液由氨水等碱性物质和亚硫酸钾等还原剂组成。电烫卷曲头发时水使氢键断裂，碱使盐键断裂，还原剂使二硫键断裂。当用水冲洗掉药液后，盐键便就近结合，用电吹风吹干头发的过程中二硫键因空气氧化而重排，氢键也发生了错位，达到卷发效果。用此法烫发时对热源机械的使用掌握会影响卷曲效果，同时用电源较危险，又温度过高易造成烫伤等，亦已自然淘汰。

4. 化学烫——冷烫 冷烫是目前最通用的方法，机理类似于电烫，它不借助热和机械，故而称为冷烫。在冷烫中所用的还原剂是巯基乙酸盐及酯类，对二硫键的打开较亚硫酸盐容易，所需温度相应较低，对二硫键的恢复则需用溴酸钠、双氧水等氧化剂。目前冷烫卷发均为两剂型的产品，由卷曲剂（还原剂）和定型剂（氧化剂）组成。掌握冷烫的时间和方法要求技术高，须根据发质各异适当判断。

（三）烫发剂的原料

烫发剂所用的原料由第Ⅰ剂（可使头发软化）、卷曲剂与第Ⅱ剂（可把变化后的发型固定下来的定型剂）组成。

1. 第Ⅰ剂原料——卷发剂原料 是以切断毛发中胱氨酸交联的还原剂为主成分，通常为使其效果更佳还含有碱剂、稳定剂、渗透剂、湿润剂、油分等。

（1）还原剂 据悉，日本用半胱氨酸和巯基乙酸及其盐类；其他国家使用巯代甘油等巯基乙酸酯类；在我国一般是以巯基乙酸铵为主卷曲剂，还有半胱氨酸、巯代乳酸等。《化妆品安全技术规范（2015 年版）》中规定：用于专业使用的卷发和直发产品，在 pH 值为 7 ～ 9.5 时巯基乙酸的最大允许浓度为 11%。另外该产品对眼睛有较强的刺激性，使用时应避免溅入眼中。

（2）碱剂 还原剂在碱性条件下，还原作用效力增强，在还原剂的种类和用量一定时，随 pH 值的上升，毛发膨润度增大，波纹形成力也增强。通常 pH 值在 8.5 ～ 9.2 之间。不同碱剂，对毛发的柔软效果、膨润度等各异，由此波纹形成力也发生差异，因此对碱剂的选用一定要慎重。例如，巯基乙酸铵与氨水组合最良好，又如碱剂磷酸氢二胺与乙醇胺并用最宜等。

常用的碱剂有挥发性无机碱（氨水）、中性盐（碳酸氢铵、碳酸氢钠、磷酸氢钠）、无机碱（氢氧化钠、氢氧化钾）、胺类（乙醇胺、三乙醇胺）等。

（3）渗透剂 施用烫发剂时，为了将毛发用棒等卷成波纹亦能浸透至毛发内部（末梢），确保卷发效果起到渗透、乳化作用，通常用非离子表面活性剂。近年来，为了提高烫发后头发的良好触感，也添用阳离子表面活性剂。

（4）螯合稳定剂 用于防止残留的少量金属离子如铁、铜、锰等与还原剂反应。还原剂在碱性条件下，遇残留金属离子会加速氧化影响卷发效果，故添加乙二胺四乙酸盐、焦磷酸四钠及巯基乙酸等。

（5）湿润剂 给毛发保持适度的湿气，可促进药剂对毛发的浸透作用，还能防止放置时药剂干燥，一般常用聚乙二醇类（分子量 < 1000）等。

（6）其他 为了防止毛发由于化学处理受损，还添加油分、调理剂、遮光剂等。

2. 第Ⅱ剂原料——定型剂原料 经过卷发剂处理后，需用定型剂使头发的化学结构在卷曲成型后恢复到原有的状态，从而使卷发形状能够固定下来。同时，还有去除残留卷发剂的作用。

（1）氧化剂　第Ⅰ剂还原作用使头发中角蛋白的二硫键开裂，为了使其重新结合而使用的氧化剂是第Ⅱ剂的主要成分。常用的有溴酸钠、溴酸钾、过硼酸钠、过氧化氢的水溶液等。前三种为载入"基准"的氧化剂。过硼酸钠现已属化妆品禁用原料。

（2）pH 值调整剂　在定型剂含过氧化氢的同时，能保持一定的酸性 pH 值，起缓冲作用，常用的有柠檬酸、乙酸、乳酸、磷酸和酒石酸等。

（3）润湿剂　帮助定型剂完全润湿头发，对波纹形成力的影响少，如甘油、山梨醇、吡咯烷酮羧酸钠等。

（4）其他　在定型剂中若不计成本，从效果出发还可添加调理剂和遮光剂、着色剂及香料等。

烫发剂第Ⅰ剂即使是主成分的还原剂和碱剂也可形成波纹效果，而且第Ⅱ剂即便是单独的氧化剂也可成为制品。在市场上也存在着只有主成分的粉末制品。但要在市场上立足，单一形式的制品是力所不及的。

第六章　植物化妆品评价 ▷▷▷▷

第一节　安全性评价

化妆品的安全性是指化妆品不得对施用部位产生明显的刺激性或致敏性，且无感染性，具体来说就是无皮肤刺激性，无过敏性，无经口毒性，无异物混入，无破损。化妆品是与人密切接触的日常生活必需品，由于其使用人群广泛，使用次数频繁，对人体的影响持久，因此其安全性相当重要。

为保证化妆品的安全性，我国制定了《化妆品安全技术规范》，防止化妆品对人体产生近期和可能潜在的危害。

（一）化妆品安全性评价程序

化妆品安全性评价程序如下：

1. 第一阶段为急性毒性和动物皮肤、黏膜试验。急性毒性试验包括急性经口毒性试验、急性皮肤毒性试验；动物皮肤、黏膜试验包括皮肤刺激试验、眼刺激试验、皮肤变态反应试验、皮肤光毒和光反应试验。

2. 第二阶段为亚慢性毒性（包括亚慢性皮肤、经口毒性）试验和致畸试验。

3. 第三阶段为致突变、致癌短期生物筛选试验，包括鼠伤寒沙门菌回复突变试验（Ames试验）、体外哺乳动物细胞染色体畸变和SCE检测试验、哺乳动物骨髓细胞染色体畸变率检测试验、动物骨髓细胞微核试验、小鼠精子畸形检测试验。

4. 第四阶段为慢性毒性试验和致癌试验。

5. 第五阶段为人体皮肤斑贴试验和人体试用试验。

（二）化妆品原料和化妆品产品安全性评价

对化妆品原料和化妆品产品安全性评价的规定：

1. 凡属于化妆品新原料，必须进行以上五个阶段的试验。

2. 凡属于化妆品新产品，特别是属于特殊化妆品、儿童化妆品必须进行相应的毒理学检测，包括皮肤与黏膜试验和人体试验，以评价其安全性。具体可根据化妆品所含成分的性质、使用方式和作用部位等因素，分别选择其中几项甚至全部试验项目。

第二节　稳定性评价

化妆品的稳定性是指化妆品在储存、使用过程中，在一段时间内（保质期内），即使气候炎热或寒冷，也能保持原有的性质，其香气、颜色、形态均无变化。具体来说就是无变质，无变色，无变臭，无微生物污染。稳定性测试的目的是检测有效期内的化妆品产品在市场销售包装中是否稳定。

（一）化妆品稳定性的影响因素

进行稳定性测试前，必须弄清影响产品稳定性的主要因素。主要因素包括温度、湿度、光线、振动、氧化、各成分相互作用、微生物因素等。这些因素之间会相互作用，所以无论是仅针对产品的稳定性测试还是对产品最终包装进行的稳定性测试，都是非常必要的。

1.温度　温度在化学动力学中起到很重要的作用。阿仑尼乌斯方程显示，在大多数反应中，温度对反应速率的影响比浓度的影响更为显著，温度升高时，绝大多数化学反应速率增大。Bennett 等认为"温度每增高 10℃，就会成倍提高大多数反应的速率"。因此，任何温度的改变都会影响产品的化学平衡，最终影响产品稳定性。温度还能从多个方面影响产品，如可以改变各相的黏性，各成分的溶解度，不同成分的熔点和凝固点的比例和数量（尤其是蜡），两相中分子的结构和（或）聚合体及胶状物的水合作用。

2.湿度　湿度评价通常是评价包装而不是对产品本身。湿度可以影响容器（例如长锈）或者通过渗透容器来损害包装的内容物。

3.光　光对化妆品稳定性最大的影响是引起褪色、变色和变质，特别是有些有效成分遇光易氧化、分解。光对透明和半透明的容器影响可能会更为明显。光线对化妆品稳定性的其他影响是其照射容易引起黏性物质的降解。

4.振动　从宏观上讲，振动的影响表明了包装在设计和制作过程中的缺点，主要是指包装的脆弱极限。从微观上讲，振动会导致泡沫的破碎和粉末的下沉。湿度适宜时，这种下沉会导致不可逆的聚集，而对于悬浮液，这种粉末的下沉会导致不可逆的结团反应。从更微观上讲，通过增加动力学能量，振动会导致颗粒相互作用。正常情况下，乳液中颗粒由于排斥力而保持各自独立，但振动产生的多余的能量会让它们聚集结合起来。振动的另一个结果是导致乳液沿着容器壁以一定间隔分散开。当乳液的持续相仅与容器壁接触时是没有问题的。若分散的小滴优先弄湿了表面，沿着容器表面形成了一种薄层分散相，这种薄层分散相缓慢地流向容器底部或者容器顶部，由此乳液将变得不稳定。流动的方向取决于分散相相对于持续相的密度大小。新的分散相薄层将会持续形成并最终进入乳液顶层或者底层。

5.氧化　一些化妆品成分（例如不饱和脂肪酸）不稳定、易氧化。温和情况下发生的氧化反应通常包括自由基反应。烯键容易发酵形成挥发性和不挥发的醛、酸、醇，同时成倍产生的自由基能够加速反应的进程。对抗这种氧化反应进程可通过自由基相互反应来形成稳定的或亚稳定的产物。

O/W 乳液的脂质氧化反应的动力学测定显示，氧化速率依赖于该系统中氧扩散的速率以及氧压力或氧含量。金属元素（例如铜、锰或铁）也可能引起或催化氧化反应。因此，配方中加入螯合剂可以提高产品的稳定性。

抗氧化剂有时也被加入乳液系统。一些抗氧化剂的抗氧化作用降低了氧化反应的速率，同时它们也是阻滞剂。

化妆品中常用的抗氧化剂有维生素 C、二丁基羟基甲苯（BHT）、丁基羟基茴香醚（BHA）、去甲二氢愈创木酸（又名正二氢愈疮酸、NDGA）、棓酸丙酯等。

6. 亲水亲油平衡法（HLB 法） 通常乳液是将表面活性剂（乳化剂）加入两种（或更多）不可混合的液体中。表面活性分子在液体界面上吸附定向排列，降低表面张力并减小了形成表面张力的能量。1949 年 Griffin 提出亲水亲油平衡法（HLB 法），1954 年修改，认为应该简化表面活性剂的选择来加速创造稳定的乳液。HLB 值代表着表面活性剂亲油或亲水程度，范围 0 ～ 20。有着低 HLB 值的表面活性剂（HLB<6）倾向于加入稳定的 W/O（油包水）型乳液，而高 HLB 值（HLB>8）的表面活性剂适合加入 O/W（水包油）型乳液。具有相同 HLB 值的离子和非离子乳液的表现并不相同。HLB 法很简单，但主要对非离子表面活性剂有意义。产品稳定性也会由于加入了非离子表面活性剂和离子表面活性剂而改变。

7. 微生物因素 乳液系统极易遭受微生物污染和降解，污染源包括原材料、制备过程和设备生产人员等。有关配方准备和生产的大量信息可以在美国化妆品及香水协会（CTFA）相关技术指南中查询。这些技术指南涵盖了包括取样、清洗和微生物学审查等各方面的污染控制。

产品容器的设计在乳液微生物污染中举足轻重。广口容器和软的瓶子或管子最容易受到污染。

（二）稳定性试验方法

化妆品的稳定性包括生产、运输、储存、使用等过程中的稳定性，要求产品在较长的时间内（通常是三年左右）性质稳定，不发生分层、絮凝、变色、变质等现象。化妆品的稳定性可以在配方设计过程中运用相关的理化实验来检验确认。

1. 耐热试验 耐热试验是膏霜和乳液等化妆品的常规且十分重要的稳定性试验。发乳、唇膏、润肤乳液、护发素、染发膏、发用摩丝、洗面奶、润肤膏霜、洗发水等化妆品的外观形态有所差异，所以耐热要求和试验操作方法各不相同。以下将对各化妆品的耐热指标和试验操作分别进行阐述。

（1）发乳

耐热指标：对 O/W 型发乳，要求 40℃/24h 膏体无油水分离现象。

耐热试验：对 O/W 型发乳，将试样置于干净的 30mL 高型称量瓶中，使膏体装实无气泡，置于（40±1）℃的恒温培养箱里，保持 24h 后取出，立即观察。

（2）唇膏

耐热指标：要求 45℃ /24h，恢复室温后外观无明显变化，能正常使用。

耐热试验：预先将电热恒温箱调节至（45±1）℃，将待测样品脱去盖套并全部旋出，垂直置于恒温培养箱内，24h 后取出。恢复至室温后目测观察，并将少许试样涂擦于手背上，观察其使用性能。

（3）润肤乳液

耐热指标：要求 40℃ /24h，恢复室温后无油水分离现象。

耐热试验：将试样分别倒入两支 20mm×120mm 的试管内，使液面高度为 80mm，塞上干净的软木塞。把一支待检的试管置于预先调节至（40±1）℃的恒温培养箱内，保持 24h 取出，恢复室温后与另一支试管的试样进行目视比较。

（4）护发素

耐热指标：要求 40℃ /24h，恢复室温后没有分层现象。

耐热试验：将试样分别倒入两支 20mm×120mm 的试管内，使液面高度为 80mm，塞上干净的胶塞。把一支待检的试管置于预先调节至（40±1）℃的恒温培养箱内，保持 24h 取出，恢复室温后与另一支试管的试样进行目视比较。

（5）染发膏

耐热指标：要求（40±1）℃ /6h，恢复室温后无油水分离现象。

耐热试验：预先将恒温培养箱调节至（40±1）℃，把包装完整的试样置于恒温培养箱内，6h 后取出，恢复至室温后目测观察。

（6）发用摩丝

耐热指标：要求 40℃ /4h，恢复至室温能正常使用。

耐热试验：预先将恒温水浴调节到（40±1）℃，把包装完整的试样放入恒温水浴内，保持 24h 后取出，恢复至室温后按正常使用方法进行使用观察。

（7）洗面奶

耐热指标：要求 40℃ /24h，恢复室温后无油水分离现象。

耐热试验：预先将恒温培养箱调节至（40±1）℃，将包装完整的试样置于恒温培养箱内，24h 后取出试样，恢复室温后目测观察。

（8）润肤膏霜

耐热指标：要求（40±1）℃ /24h，恢复至室温膏体无油水分离现象。

耐热试验：预先将恒温箱调节至（40±1）℃，向已称量的培养器中放入膏体约 10g（约占培养皿面积的 1/4）。刮平再精密称量，斜放在恒温培养箱内的 15°角架上。经 24h 后取出，放入干燥器冷却后再称重。如有油渗出，则将渗出的油分揩去，留下膏体部分，然后将培养皿连同剩余的膏体部分称量。试样的渗油率，数值以百分数表示，按以下公式计算。

$$渗油率 = \frac{m_1 - m_2}{m} \times 100\%$$

式中，m：称取样品的质量（g）；m_1：24h后试样质量加培养皿质量（g）；m_2：渗油部分揩去后，试样质量加培养皿质量（g）。

（9）洗发膏

耐热指标：要求40℃/24h，膏体不流动，无分离现象。

耐热试验：将试样放入已调节至（40±1）℃的恒温箱中，按规定时间进行试验。小塑料袋样品用铁夹夹住塑料袋封口，悬挂在电热恒温干燥箱中，24h后取出，放在45°的斜面上，观察膏体是否流动和有无变化；瓶装样品，将瓶放置于电热恒温干燥箱中，使膏面保持水平，24h后取出，斜放呈45°，观察膏体是否流动和有无变化；散装样品，改为15～30g小包装后，检查方法同上。

2. 耐寒试验　耐寒试验同耐热试验一样，是膏霜和乳液等化妆品的基本且十分重要的稳定性试验，包括发乳、唇膏、润肤乳液、护发素、染发膏、发用摩丝、洗面奶、润肤膏霜、洗发膏。同样，因为各类化妆品的外观形态有所不同，所以耐寒指标和试验操作方法也各不相同。以下将对各化妆品的耐寒指标和试验操作分别进行阐述。

（1）发乳

耐寒指标：对O/W型发乳，要求–15℃/24h，恢复室温（25℃）无油水分离现象。对W/O型发乳，要求–10℃/24h，恢复室温（25℃）膏体不发粗，不出水。

耐寒试验：预先将冰箱调节至规定温度，放入待验样品，保持24h后取出，恢复室温，观察。

（2）唇膏

耐寒指标：要求（0±1）℃/24h，恢复室温后能正常使用。

耐寒试验：预先将冰箱调节至（0±1）℃，将待验样品套上盖子放入冰箱内，24h后取出，恢复室温后，将样品少许涂擦于手上，观察其使用性能。

（3）润肤乳液

耐寒指标：优级品要求–15℃/24h，恢复室温无油水分离现象；一级品要求–10℃/24h，恢复室温无油水分离现象；合格品要求–5℃/24h，恢复室温无油水分离现象。

耐寒试验：预先将冰箱调节至规定温度，把包装完整的试样放入冰箱内，保持24h后取出，恢复室温观察。

（4）护发素

耐寒指标：优级品要求–15℃/24h，恢复室温能正常使用，且不得有分离现象；一级品要求–10℃/24h，恢复室温能正常使用，且不得有分离现象；合格品要求–5℃/24h，恢复室温能正常使用，且不得有分离现象。

耐寒试验：将样品分别倒入两支干燥清洁的试管内，高度约80mm，塞上干净的软木塞，把一支待验的试管放入预先调节好规定温度的冰箱内24h，取出恢复至室温后与另一支试管内的样品进行对比。

（5）染发膏

耐寒指标：要求–10℃/24h，恢复室温后，无油水分离现象。

耐寒试验：预先将冰箱调节至（−10±1）℃，把包装完整的试样放入冰箱内，保持24h取出，恢复至室温后观察。

（6）发用摩丝

耐寒指标：要求0℃/24h，恢复室温能正常使用。

耐寒试验：预先将冰箱调节至（0±1）℃，把包装完整的试样放入冰箱内保持24h取出，恢复至室温后观察。

（7）洗面奶

耐寒指标：要求−10～−5℃/24h，恢复至室温后无分层、泛粗、变色现象。

耐寒试验：预先将冰箱调节至−10～−5℃，将包装完整的试样置于冰箱内，24h后取出试样。恢复室温后目测观察，应无分层、泛粗、变色现象。

（8）润肤膏霜

耐寒指标：要求−10～−5℃/24h，恢复室温后与试验前无明显性状差异。

耐寒试验：预先将冰箱调节至−10～−5℃，把包装完整的试样放入冰箱内保持24h取出，恢复至室温后目测观察。

（9）洗发膏

耐寒指标：要求0℃/24h，膏体能正常使用；−10℃/24h，膏体恢复室温无分离析水现象。

耐寒试验：预先将冰箱调节至（0±1）℃，放入试样24h后取出，检查膏体能否正常使用；样品经0℃预冷2h，放入温度调节至（−10±1）℃的冰箱内，24h后取出，恢复室温观察试样是否正常。

3. 离心试验　离心试验是测定乳液化妆品货架寿命的必要试验方法。

（1）润肤乳液

离心试验指标：要求在2000r/min的转速下旋转30min不分层（含粉质颗粒沉淀物除外）。

离心试验：向离心管中注入约2/3高度试样并装实，用软木塞塞好，然后放入预先调节至（38±1）℃的电热恒温培养箱内，保持1h后，即移入离心机中，并将离心机的离心速度调至2000r/min，旋转30min后取出观察。

（2）洗面奶

离心试验指标：要求在2000r/min的转速下旋转30min，无油水分离现象（颗粒沉淀除外）。

离心试验：方法同润肤乳液。

4. 色泽稳定性试验　色泽稳定性试验是检查有颜色化妆品色泽是否稳定的试验方法，常采用直接观察法检测。发乳的色泽稳定性试验参照QB/T 2284−2011 6.1色泽进行，取样在室温和非阳光直射下观察，应满足色泽规定。香水、花露水的色泽稳定性试验参照QB/T 1858−2004 4.2.1色泽、QB/T 1858.1−2006 5.1.1色泽进行，取样置于25mL的比色管内，在室温和非阳光直射下观察，应满足色泽规定。

5. 容器的稳定性试验 对于化妆品容器，一般应保证内容物性能的稳定；保证制作材料与内容物的适应性，不出现腐蚀、变臭、变色、脆化、溶出和裂缝等；保证容器开闭的容易程度，组装部件的强度，表面装饰的剥落、划伤，气密性等。检测容器稳定性的代表性试验有温湿度的耐受试验、水/醇/内容物/洗涤液/人工汗液的耐受试验、冲击/压力/摩擦的耐受试验。

6. 一般保存试验与强化保存试验 在生产、销售、消费者使用等环节，化妆品可能发生变色、褪色、变臭、污染、结晶析出等化学变化，也可能发生分层、沉淀、凝聚、白粉、发汗、凝胶化、条纹不均、挥发、固化、软化、龟裂等物理变化。这些物理或化学变化直接影响到化妆品的质量。生产商、销售商或消费者都需要了解化妆品的储存期或寿命，所以有必要对化妆品进行保存试验，以确定化妆品的使用有效期限。

一般保存试验，即在设定的温湿度、光照条件下，将化妆品静置一定时间，观察测定样品状态的变化。

强化保存试验，又称为加速老化试验，即极短时间内改变化妆品样品存放的环境条件（如温湿度、光照强度），或给予样品以一定物理量负荷，观察测定样品状态的变化。样品在强化保存试验期间的观察测定项目与一般保存试验相同。

第三节 感官评价

化妆品感官评价是对化妆品的使用肤感等主观宣称进行验证的评价方法，是人们通过视觉、嗅觉、味觉、触觉感知物质特征、性质的一种科学方法。化妆品是直接涂敷于身体的用品，所以使用方便并有舒适的用后感是决定化妆品价值和消费者对该产品欢迎程度的重要因素。在化妆品配方研发阶段，研究者要充分了解消费者对拟开发的此类产品的认可程度。例如，化妆水应该不用摇动就能轻易从瓶中流出；膏霜应该附在罐内，并且有适当的"提起"分量，以便用指尖挖出来时能黏在手指上，在膏霜表面留下一点突起的尖端；指甲油应该很好地黏附在刷子上，能容易流向指甲且停在指甲上。感官评价有时候是模糊的，但是在化妆品评价中是不可或缺的。化妆品感官评价已经成为很多公司进行产品质量管理、新产品开发、市场预测、消费者心理研究等许多方面的手段。化妆品感官评价的主要作用是进行有效、可靠的检验，为正确合理的决策提供依据。

一、感官评价的内容

化妆品感官评价内容包括外观形态和使用感觉。外观形态包括体质粗或细、光泽、颜色、稀或稠等。使用感觉包括接触试样时感觉硬或软，产品的致密程度，从拇指和食指之间将产品挤出时所需的力、黏度以及产品形态的变化等，使用后对皮肤的保湿滋润感、油润感、黏腻感等。当然，不同种类的化妆品感官评价内容存在差异，如膏霜乳液类产品的感官评价主要包括铺展性、滋润性、油润感、黏腻感、吸收性等，洁肤用品及洗发用品的感官评价主要包括清洁力、易冲洗程度、紧绷感、刺激性、使用便捷性等。常见化妆品感官评价指标方法列举如下。

（1）黏起感　黏起感是指用手指将膏体挑起时的难易程度及此时膏体的形状。消费者对化妆品的流动性是很敏感的。手指蘸取产品时，在剪切应力作用下，产品应具有流动性，同时还应有合适的稠度，可暂时附在手指上而不会流走。此阶段感官评价指标是产品的稠度和黏稠度。稠度是感觉到的产品的稠密程度，以拇指和食指之间挤出所需的力作为评估依据；而黏稠度是感觉到的产品的结构，以从容器取出样品的难易程度和产生形变时的阻力大小作为评估依据。相关的流变学特性可用黏度、硬度、黏结性、黏弹性、黏附性等指标进行表征。

（2）使用感与铺展性　化妆品的使用感常与铺展性相关联。产品在涂抹过程中是否容易铺展，是否会起白条，与黏度、弹性和黏附性有关。大多数化妆品都是涂敷在皮肤上，可以用手直接涂抹，也可以借助工具涂布。涂敷方法不同，其铺展速率不同，对产品流变特性的要求有所不同。通过加入流变添加剂可调节产品的黏度，使产品容易被铺展。涂抹是用手指尖缓慢地在皮肤上转圈，将产品涂于皮肤上，每秒两圈，时间随产品而定。此阶段感官评价指标是产品的铺展性和吸收性。铺展性是产品由涂抹开始点分散到皮肤表面其余地方的难易程度。相关流变学特性用黏度、黏结性、弹性、胶黏性、黏附性等指标进行表征。

（3）用后感与吸收性　用后感是在涂抹产品后，用手指尖评估皮肤表面的肤感变化，用肉眼观察皮肤表面的变化。使用后肤感可描述为发干（如绷紧、拉紧、收紧）、润湿（如柔软、柔韧）、油腻（如脏、填塞）等不同程度。观察产品使用后会在皮肤上成膜、成片还是形成覆盖层，或残留有粉末粒子；还要留意使用处的皮肤外观有无异样，有无刺激或不舒服的感觉，残留物是否容易擦去或清洗。用后感常与化妆品的吸收性相关联。吸收性是感觉到产品被皮肤吸收的速度，可通过皮肤表面变化、产品变化或在皮肤上产品的残留量进行评估。通常认为，易涂抹的化妆品吸收也容易些。

二、感官评价的条件

在感官评定过程中，必须尽可能严格控制评定的客观和主观条件。客观条件包括外部环境和样品制备，主观条件包括评价员的基本条件和素质。常将这些变量分成三组：

1. 评定环境控制　包括实验室环境、测试隔开的小间或会议圆桌的使用、灯光、室内空气、样品制备区等。

2. 样品控制　包括使用仪器设备，筛选、制备、计数、编号和提供样品的方法。

3. 评定人员的控制　感官评价人员评估被测样品所使用的方法步骤。

三、感官评价的实验流程

感官评价实验的前提是建立评价小组。建立评价小组需要筛选、培训一定数量的评价员，通过一致性、重复性测试，确保评价小组的结果真实可靠。感官评价实验流程主要有四步：

1. 唤起　保证感官评价环境是独立而稳定的，降低各种偏见和干扰因素对结果的影响。

2. 测量　收集感官评价数据。

3. 分析　将数据进行分析统计。

4. 解释　对获取的数据进行合理的解释，并据此提出合理建议。

四、感官评价的方法

根据分析目的不同，感官评价的方法可分为分析型感官评价和情感型感官评价两大类。

1. 分析型感官评价　是由经过培训的评价员对产品进行客观全面的分析，用以评价产品的感官特性。按检验方法可分为差别检验、标度和类别检验以及描述性分析检验。

2. 情感型感官评价　是由消费者基于个人喜好进行的量化评价，又称接受性与偏爱性检验。常用多元回归模型和层次分析等方法建立感官营销模型，感官营销领域会进一步研究消费者痛点，实现产品设计的差异化，影响消费者购买决策行为。

第四节　理化指标评价

化妆品理化检测指标主要包括对化妆品 pH 值、黏度、离心试验和微观结构照片等方面的考察，通过理化指标检测对化妆品中所含有的物质进行检测，能够及时查处一些不合格、不合规的化妆品，保障消费者权益，维护消费者切身利益。常见化妆品理化指标检测方法列举如下。

（一）pH 检测

人体的皮肤偏酸性，pH 值一般在 4.5 ~ 6.5。根据皮肤这一生理特点，制成的膏霜类和乳液化妆品应有不同的酸值，以满足洗护的不同需求，因此在化妆品理化指标检测的时候，pH 检测非常重要。

（二）浊点检测

浊点检测方法又称为浊度检测方法。浊点是一些物质呈透明清澈与浑浊状的临界温度，通过对浊点进行检测能够对化妆品的水溶解特性进行了解，并对化妆品的结构进行初步的掌握。一般浊点检测常用于化妆品水剂型产品。

（三）细度检测

很多化妆品为粉类，而细度检测是对粉末物质中微粒大小的度量，通过对微粒的细度进行筛取，以掌握化妆品粉状物的细度情况。一般在爽身粉等化妆品的质量理化要求上，细度整体超过 0.21mm 的量要占到总量的 95%。

（四）黏度检测

黏度是流体物质的一个重要物理性质，与流体的内摩擦系数有关。在洗发用品等流体剂型化妆品中，黏度是一个十分重要的理化质量指标，用来表明化妆品的流动性好坏。国际标准所选择的是用旋转黏度计进行黏度检测。

（五）酸值检测

酸值检测的原理是通过使用标定的氢氧化钾溶液，对溶解于醇醚中的规定试样液以及对照液进行滴定，直到酚酞终点。

第五节　卫生学评价

化妆品卫生是为避免化妆品影响人体健康而提出的要求和卫生措施。卫生质量合格的化妆品能够滋润营养、清洁除垢、散发香味以起到美容的作用。卫生质量不合格的化妆品使用后会带来不良影响，如某些化妆品中酸、碱、铅、汞、砷等有害物质的残留超过一定的标准时，涂抹在皮肤表面后，若暴露在紫外线下，这些成分就会起化学变化，导致光照性皮炎，面部奇痒、红肿或色素沉着。有些用工业原料制成的唇膏中含有毒物质氧化铬，涂用后会随唾液或食品吞咽下去，长期使用对人体内脏器官及造血功能有影响。有些化妆品虽无有害化学物质残留，但所用原料本身的病菌含量过高，使用后也可能引起皮肤感染或过敏。

为了维护消费者利益，保障人们的身体健康和安全，对化妆品的生产和销售必须符合《化妆品安全技术规范》中有关对原料选用、有害有毒物残留量的测定、微生物指标及毒理学指标等的规定。

1. 可能含有禁用物质　使用的原料中可能含有有毒有害物质；化妆品在制作和放置过程中可能产生有毒有害物质，如亚硝胺是很强的化学致癌物。

2. 化妆品中限用物质超标　如添加防腐剂过量可引起过敏性接触性皮炎。由原料带来的污染物含量过高，如化妆品中的汞、砷、铅含量不合格，会导致重金属中毒。甲醇是化妆品中限用的有毒物质，可经呼吸道、皮肤吸收，主要作用于神经系统，具有明显的麻醉作用和蓄积毒性，反复接触中等浓度的甲醇，可导致暂时性或永久性视力障碍和失明。如发胶中甲醇含量超标，会对人体造成危害。

3. 化妆品中微生物超标或含有致病微生物　化妆品中的菌落总数、霉菌和酵母菌总数超标，耐热大肠菌群、金黄色葡萄球菌、铜绿假单胞菌等致病菌污染，会对消费者健康造成损害，甚至引起疾病。

4. 特殊化妆品中功效成分过量或使用禁用成分　用于染发、烫发、祛斑美白、防晒、防脱发的化妆品以及宣称新功效的特殊化妆品往往添加了一些特殊功效成分，刺激性大，风险性也大。其中，染发、烫发类产品引起的皮肤过敏问题最为严重。如染发引起的接触性皮炎很常见，轻则皮肤红肿、发痒、起皮疹，重则出现过敏性休克，危及生命。

一、化妆品卫生学方面的主要要求

化妆品应经安全性风险评估，确保在正常、合理的及可预见的使用条件下，不得对人体健康产生危害。化妆品使用的原料必须符合《化妆品安全技术规范》要求。

1. 化妆品原料　一般而言，化妆品终产品的质量在很大程度上取决于原料的质量。只有选用符合规定的、安全性好的原料，才能生产出安全的化妆品。因此，很多发达国家对化妆品原料都有严格的规定。我国在《化妆品安全技术规范》中制定了对化妆品原料的规定。

（1）禁止使用于化妆品的原料　禁止使用于化妆品的原料包括两大类：一类为毒性和危害性大的化学物质以及生物制剂等；另一类为毒性和危害性大的中草药。在这些禁用物质中，有的属于具有致癌性、致突变性、致畸性以及发育毒性物质；有的属于剧毒、高毒和高危险性物质；有的是可能给人类带来极大风险的生物制剂以及动植物提取物；有的则可能是强光毒或光敏物质以及腐蚀性物质。总之，这类物质的使用可能对使用者造成危害，为保护人体健康，禁止将其用于化妆品。

《化妆品安全技术规范（2015 年版）》中原规定 1388 种物质为化妆品禁用物质。2021 年国家药监局发布《关于更新化妆品禁用原料目录的公告》（2021 年第 74 号）后，现更新的《化妆品安全技术规范（2015 年版）》中规定 1393 种物质为化妆品禁用物质。

（2）化妆品中限用物质超标　限量使用的化妆品原料是限制使用范围以及最大使用浓度的原料，当使用限量使用的化妆品原料组分时，必须符合限量的规定，即使用范围、最大使用浓度和限制使用条件符合规定，并必须按原料的标识要求，在产品标签上进行标注。如当使用对苯二胺为染发产品原料时，其使用范围仅限于氧化型染发产品，最大允许使用浓度为 2.0%。在产品标签上必须标注警示语，如染发剂可能引起严重过敏反应；使用前请阅读说明书，并按照其要求使用；本产品不适合 16 岁以下消费者使用；不可用于染眉毛和眼睫毛，如果不慎入眼，应立即冲洗；专业使用时，应戴合适的手套；在下述情况下，请不要染发：面部有皮疹或头皮有过敏、炎症或破损；以前染发时曾有不良反应的经历。当与氧化乳配合使用时，应明确标注混合比例。

《化妆品安全技术规范（2015 年版）》除规定 47 种化学物质为限用物质外，还特别规定化妆品配方中所用防腐剂、防晒剂、着色剂、染发剂，必须是对应的《化妆品安全技术规范（2015 年版）》第三章表 4 至表 7 中所列的物质，使用要求应符合表中规定。允许使用的有 51 种防腐剂、27 种防晒剂、157 种着色剂和 75 种染发剂。

国家对化妆品中禁用原料、限用原料、准用防腐剂、防晒剂、着色剂及染发剂的详细规定可以查询《化妆品安全技术规范（2015 年版）》。

2. 制成品　对原料的种类和用量进行控制是化妆品质量保证的第一步。微生物的存在是另一影响化妆品质量的重要因素。另外，一些汞、砷、铅等重金属作为污染成分及安全性风险物质随化妆品原料进入化妆品，制备工艺机械等也可能影响化妆品质量。

（1）化妆品的微生物质量要求　化妆品的微生物指标应符合下列规定：①眼部化妆品、口唇化妆品和儿童化妆品菌落总数不得大于 500CFU/mL 或 500CFU/g；②其他化妆品菌落总数不得大于 1000CFU/mL 或 1000CFU/g；③每克或每毫升产品中不得检出耐热大肠菌群、铜绿假单胞菌和金黄色葡萄球菌；④化妆品中霉菌和酵母菌总数不得大于 100CFU/mL 或 100CFU/g。

（2）化妆品中所含有毒物质（常见污染物）的限量规定　化妆品中所含有毒物质（常见污染物）不得超过表 6-1 中规定的限量。

表 6-1　化妆品中有毒物质（常见污染物）限量

有毒物质（常见污染物）	限量（mg/kg）	备注
汞	1	含有机汞防腐剂的眼部化妆品除外
铅	10	
砷	2	
镉	5	
甲醇	2000	
二噁烷	30	
石棉	不得检出	

3. 化妆品包装材料　化妆品的包装材料多种多样，难以对其分门别类做出规定，而仅做以原则性规定。直接接触化妆品的包装材料应当安全，不得与化妆品发生化学反应，不得迁移或释放对人体产生危害的有毒有害物质。

二、卫生化学检验方法

《化妆品安全技术规范（2015 年版）》中理化检验方法规定了化妆品禁用、限用组分的理化检验方法的相关要求，适用于化妆品产品中禁用、限用组分的检验。《化妆品安全技术规范（2015 年版）》发布实施后，国家药品监督管理局发布通告补充增加多项理化检验方法。微生物检验方法规定了化妆品微生物学检验的基本要求，适用于化妆品样品的采集、保存及供检样品制备。下述介绍的理化检验方法、微生物检验方法除有说明外，均采自《化妆品安全技术规范（2015 年版）》。

1. 化妆品中无机成分的测定

（1）汞、铅、砷、镉　化妆品中汞的测定可采用原子荧光光度法，样品前处理可采用微波消解法、湿式回流消解法、湿式催化消解法、浸提法等。此外直接汞分析仪法和冷原子吸收测汞仪法也用于化妆品中汞的测定。铅的测定则大多采用原子吸收法，包括石墨炉原子吸收分光光度法和火焰原子吸收分光光度法，其灵敏度都能满足化妆品检测要求。此外，也有文献报道氢化物发生 – 原子荧光光谱法、二阶导数光度法、固相反射散射分光光度法等用于化妆品中铅的测定。化妆品中总砷的含量采用氢化物原子荧光光度法和氢化物原子吸收法测定，常用方法有砷斑法、银盐法、新银盐法、氢化物发生原子吸收法、原子荧光法等。化妆品中总镉的含量采用火焰原子吸收分光光度法测定。

（2）其他无机元素　无机元素繁多，电感耦合等离子体质谱法可测定化妆品中锂、铍、钪、钒、铬、锰、钴、镍、铜、砷、镓、锶、银、镉、铟、铯、钡、汞、铊、铅、铋、钍、镧、铈、镨、钕、镝、铒、铕、钆、钛、镥、钐、铽、镱、钇和镓共37种元素的含量。也有文献报道原子吸收分光光度法用于测定化妆品中的锶、铍、钴及可溶性锌盐。微波消解ICP-AES法应用于测定固体类化妆品中砷、铅、镉、锶、铬、铋、硒七种无机元素。硒的测定主要采用微波消解 – 气相色谱法、原子荧光光谱法等。测定化妆品中硼的光度法则是利用了甲亚胺 –H 与硼的显色反应。化妆品中的阳离子如 K^+、Na^+、Ca^{2+}、Mg^{2+}，可采用原子吸收法测定；阴离子如 F^-、Cl^-、Br^-、NO_3^-、SO_4^{2-} 和阳离子 NH_4^+，可采用离子色谱法测定。

2. 有机禁用、限用物质的测定

（1）甲醇　甲醇是含有乙醇或异丙醇的化妆品需检测的项目。首选的甲醇测定方法是气相色谱法，以顶空气相色谱法居多。样品在经过气 – 液平衡、直接提取或蒸馏后，采用气相色谱分离，氢火焰离子化检测器检测，根据保留时间定性，峰面积定量，以标准曲线法计算含量。

（2）防腐剂　防腐剂是化妆品中最常用的限用组分，可采用气相色谱法、高效液相色谱法、气相色谱 – 质谱（GC-MS）法或液相色谱 – 质谱法等测定。

高效液相色谱法测定化妆品中甲基氯异噻唑啉酮等12种组分的含量，包括甲基氯异噻唑啉酮、2– 溴 –2– 硝基丙烷 –1,3– 二醇、甲基异噻唑啉酮、苯甲醇、苯氧乙醇、4–羟基苯甲酸甲酯、苯甲酸、4– 羟基苯甲酸乙酯、4– 羟基苯甲酸异丙酯（禁用）、4– 羟基苯甲酸丙酯、4– 羟基苯甲酸异丁酯（禁用）和4– 羟基苯甲酸丁酯。样品中的甲基氯异噻唑啉酮等12种组分经甲醇提取，用高效液相色谱仪分析，根据保留时间和紫外光谱图定性，峰面积定量，以标准曲线法计算含量。

（3）美白祛斑成分　我国没有美白祛斑原料的清单。有关美白祛斑成分检测方法的研究较为活跃，如采用气相色谱法、气相色谱 – 质谱法测定《化妆品安全技术规范（2015年版）》中的禁用成分苯酚和氢醌，也有文献报道用气相色谱法、液相色谱法、薄层色谱法等分析技术测定熊果苷、曲酸、抗坏血酸磷酸酯镁、L– 抗坏血酸棕榈酸酯等功效成分。

（4）紫外线吸收剂　紫外线吸收剂的检测以高效液相色谱法为主。高效液相色谱法测定化妆品中 3– 亚苄基樟脑等22种防晒剂的含量，包括 3– 亚苄基樟脑（禁用）、4–甲基苄亚基樟脑、二苯酮 –3、苯酮 –4 或二苯酮 –5（以酸计）、亚苄基樟脑磺酸（以酸计）、双 – 乙基己氧苯酚甲氧苯基三嗪、丁基甲氧基二苯甲酰基甲烷、樟脑苯扎铵甲基硫酸盐、二乙氨羟苯甲酰基苯甲酸己酯、二乙基己基丁酰胺基三嗪酮、甲酚曲唑三硅氧烷、二甲基 PABA 乙基己酯、甲氧基肉桂酸乙基己酯、水杨酸乙基己酯、乙基己基三嗪酮、胡莫柳酯、对甲氧基肉桂酸异戊酯、亚甲基双 – 苯并三唑基四甲基丁基酚、奥克立林（以酸计）、苯基苯并咪唑磺酸（以酸计）、对苯二亚甲基二樟脑磺酸（以酸计）、苯基二苯并咪唑四磺酸酯二钠。样品提取后，经高效液相色谱仪分离，二极管阵列检测器检测，采用保留时间和紫外光谱图定性，峰面积定量，以标准曲线法计算含量。

国家药品监督管理局已于 2019 年 7 月 5 日将该检测方法纳入《化妆品安全技术规范（2015 年版）》。

（5）激素　激素的检测仍以性激素为主，为禁止使用于化妆品的原料。高效液相色谱 – 二极管阵列检测器法测定化妆品中雌三醇等 7 种组分的含量，包括雌二醇、雌三醇、睾丸酮、甲基睾丸酮、黄体酮、己烯雌酚、雌酮 7 种性激素。

样品提取后，经高效液相色谱仪分离，二极管阵列检测器检测，根据保留时间及紫外光谱图定性，峰面积定量。也有文献报道先用七氟丁酸酐衍生化后，再以 GC–MS 联用技术测定性激素。

（6）染发剂　《化妆品安全技术规范（2015 年版）》化妆品准用染发剂（表 7）规定的准用染发剂有 75 项。高效液相色谱法测定化妆品中对苯二胺等 32 种组分的含量，包括对苯二胺、对氨基苯酚、甲苯 –2, 5– 二胺硫酸盐、间氨基苯酚、邻苯二胺（禁用）、2– 氯对苯二胺硫酸盐（禁用）、邻氨基苯酚（禁用）、间苯二酚、2– 硝基对苯二胺（禁用）、甲苯 –3, 4– 二胺（禁用）、4– 氨基 –2– 羟基甲苯、2– 甲基间苯二酚、6– 氨基间甲酚、苯基甲基吡唑啉酮、N, N– 二乙基甲苯 –2, 5– 二胺盐酸盐（禁用）、4– 氨基 –3– 硝基苯酚、间苯二胺、2, 4– 二氨基苯氧基乙醇盐酸盐、氢醌（禁用）、4– 氨基间甲酚、2– 氨基 –3– 羟基吡啶、N, N– 双（2– 羟乙基）对苯二胺硫酸盐、对甲基氨基苯酚硫酸盐、4– 硝基邻苯二胺、2, 6– 二氨基吡啶、N, N– 二乙基对苯二胺硫酸盐（禁用）、6– 羟基吲哚、4– 氯间苯二酚、2, 7– 萘二酚、N– 苯基对苯二胺、1, 5– 萘二酚和 1– 萘酚。

（7）其他有机成分　斑蝥素为化妆品禁用组分，可采用气相色谱法、气相色谱 – 质谱法进行测定。酞酸酯是目前国内外较为关注的化妆品原料，又称邻苯二甲酸酯，用作塑料增塑剂。有文献报道邻苯二甲酸二甲酯、邻苯二甲酸二乙酯、邻苯二甲酸二丁酯（禁用）、邻苯二甲酸丁基苄基酯（禁用）、邻苯二甲酸二（2– 乙基己）酯（禁用）和邻苯二甲酸二正辛酯 6 种酞酸酯可采用高效液相色谱法和气相色谱法测定，方法的检出限、回收率、精密度等指标均能满足分析要求。液相色谱法和气相色谱 – 质谱法均可用于化妆品中抗氧化剂的检测，如丁基羟基茴香醚和二丁基羟基甲苯两种抗氧化剂。二噁烷具有致癌活性，是化妆品组分中的禁用物质，近年来日益受到国内外化妆品检验工作者的关注。化妆品中二噁烷的含量可以采用顶空气相色谱法、气相色谱 – 质谱法测定。

三、微生物检验方法

微生物是一群形体极微小、构造简单的生物，广泛存在于自然界中。在日常生活环境中，几乎都有细菌、霉菌、酵母等微生物的存在，可以说微生物无处不有，无处不藏，而且数量大，分布极广。微生物对自然环境的适应性很强，在自然界任何地方和人体及动植物体内都存在着微生物。微生物的生长、繁殖需要一定的环境，如细菌适宜在 pH 值为 6 ～ 8 的条件下生长，而霉菌适宜在 pH 值为 4 ～ 6 的条件下生长，改变和控制这些条件对微生物的生长有着重要的影响。

微生物一般包括细菌、酵母菌、霉菌和病毒等。细菌可通过染色法分为革兰阳性和革兰阴性两大类，另外还常按对氧气的需要，将细菌分为需氧菌、厌氧菌和兼性厌氧菌三类。

1. 微生物对化妆品的污染

（1）微生物对化妆品污染的表现 由于化妆品的原料大都为含有碳、氮的油脂、胶质等物质，同时还有许多天然的蛋白质、维生素等营养成分，这些都是微生物生长、繁殖所必需的碳源、氮源及矿物质；水是化妆品的重要原料，许多化妆品都含有一定比例的水分，而化妆品的 pH 值一般多为 4～7，最适宜微生物的生长；还有化妆品生产、存放和使用时的温度，也适宜大多数病原菌的生长、繁殖。可见化妆品是极易受到微生物污染的，受到微生物污染的化妆品常有以下变化和表现。

①化妆品的色泽发生变化：这是由于一些微生物将其代谢产物中的色素分泌到化妆品中的结果，如最常见到的是由于霉菌的作用，使得化妆品产生黄色、黑色或白色的霉斑以致发霉。

②化妆品的气味发生变化：原来具有芬芳香气的化妆品，由于微生物的生长繁殖产生胺、硫化物可挥发产生臭气，还可使化妆品中的有机酸分解产生酸气，因此经微生物污染的化妆品散发着一股酸臭味。

③化妆品的结构发生变化：由于微生物酶（如脱羧酶）的作用，使化妆品中的脂类、蛋白质等水解，致乳状液破乳，出现分层、变稀、渗水等现象，液状化妆品则出现混浊等多种结构性的变化。

微生物使化妆品产生的这些变化，使得化妆品变质腐败而不能使用，造成直接经济损失；更为严重的是，若化妆品被致病菌污染，当消费者使用了这种化妆品，将受致病菌的感染而生病，危及消费者身体健康。

（2）污染化妆品的主要微生物 与化妆品关系密切的微生物多是细菌和霉菌，对化妆品质量影响大的主要是病原细菌和致病真菌等致病菌。

1）病原细菌：主要包括革兰阳性菌和革兰阴性菌。

革兰阳性菌：①葡萄球菌：金黄色葡萄球菌是兼性细菌，人体受到此菌的感染，可引起生疖子、化脓性炎症，眼部引起麦粒肿、结膜炎等炎症。②链球菌：属兼性细菌，受感染后，可引起急性咽喉炎、风湿热与急性肾炎等。③双球菌：肺炎链球菌能引起大叶肺炎、脑膜炎和结膜炎。④芽孢及梭状芽孢杆菌：炭疽杆菌能引起炭疽病，破伤风桶状杆菌是破伤风的病原体。⑤棒状杆菌：白喉棒状杆菌是白喉的病原菌。

革兰阴性菌：①假单胞菌：绿脓杆菌可使烧伤患者感染，还可引起肺炎。②沙门菌：沙门伤（副伤）寒杆菌是引起伤（副伤）寒的病原菌。③弧菌：霍乱弧菌能引起霍乱病。④埃希杆菌：大肠杆菌能引起腹泻、肾盂肾炎和膀胱炎。⑤志贺杆菌：志贺痢疾杆菌是痢疾的病原菌。

2）致病真菌：能引起致病的真菌有表皮癣菌、白色念珠菌、新型隐球菌等。化妆品还常受到青霉、曲霉、根霉、毛霉等霉菌的污染。

不同类型的化妆品具有不同的染菌特点。膏霜类化妆品含有一定量的水分、碳源和氮源，大多数为中性或微酸、微碱性，适合微生物繁殖生长。据调查，这类化妆品的微生物污染率最高，检出的微生物种类也最多。洗发类化妆品中含有大量的水分和微生物生长所需的营养，如水解蛋白、多元醇和维生素等。其含有的大量表面活性剂，特别容易受到革兰阴性菌的污染，使得其活性成分失效。霉菌、酵母菌引起的污染会使其产生异味，黏度也会发生改变。粉饼类为干燥性化妆品，微生物污染率较低，其污染源主要来自原材料，此类化妆品检出抵抗力较强的需氧芽孢菌较多。美容类化妆品在制造过程中大多会经过高温熔融，染菌率不高。但此类化妆品，特别是眼部化妆品和唇膏，一旦被致病菌污染，将会对人体健康产生较大的影响。

使用被微生物污染的化妆品后可能会引起皮肤感染。一些致病菌有可能通过皮肤的损伤部位或口腔侵入体内，其中铜绿假单胞菌可引起人的眼、耳、鼻、咽喉和皮肤等处感染，严重时能引发败血病；金黄色葡萄球菌能引起人体局部化脓，严重时也可导致败血病；链球菌易引起皮炎、毛囊炎和疖肿；某些真菌可能引起面部、头部等部位的癣症。

（3）微生物对化妆品污染的途径

①化妆品的原料：化妆品的许多原料（包括水）是微生物生长繁殖所需要的营养物质，受微生物污染的原料直接影响化妆品的卫生状况。

②化妆品的生产设备：化妆品的生产设备，如搅拌机、灌装机等设备的角落、接头处，微生物极易隐藏其中，而使化妆品带上微生物。

③化妆品的生产过程：若在生产过程中，工艺要求的消毒温度和时间不够，未能将微生物全部灭除，上岗操作工人的卫生状况不良等，都可使化妆品产品被微生物污染。

④化妆品的包装容器和环境：化妆品的包装物，如瓶、盖等若清洗及消毒不彻底，很易藏有微生物；生产、包装场所不符合卫生净化空气要求，都会使微生物污染化妆品。

微生物对化妆品在制备过程中的上述种种污染称为化妆品的微生物一次污染；另外，在化妆品的使用过程中，由于使用不当等造成的微生物污染称为化妆品的微生物二次污染。

2. 化妆品中微生物的检测方法　测试化妆品及其原材料中微生物污染的方法通常是传统的倒平板法，这种方法能测知微生物的污染程度，并能鉴别微生物，包括病原体。以下就化妆品中涉及的微生物（耐热大肠菌群、铜绿假单胞菌、金黄色葡萄球菌、霉菌等致病菌）的检测进行简单介绍，具体参照《化妆品安全技术规范（2015年版）》。

（1）化妆品中菌落总数的检测　化妆品中菌落总数是指1g或1mL化妆品中所含的活细菌数量。其值可用来判定化妆品被细菌污染的程度，从而可以了解和核查该化妆品所选用的原料、生产设备、生产工艺及操作人员的卫生状况，故该检测指标是对化妆品进行卫生学评价的综合依据。它是进行微生物检测中首先且必须进行的内容，根据检测得到的量化数据，可立即断定该化妆品是否符合《化妆品安全技术规范（2015年版）》的有关规定。

（2）化妆品中耐热大肠菌群的检测　耐热大肠菌群是生长于人和温血动物肠道中的一组肠道细菌，随粪便排出体外，约占粪便干重的1/3以上，故称为粪大肠菌群，现已命名为耐热大肠菌群。受粪便污染的水、食品、化妆品和土壤等物质均含有大量此类菌群。《化妆品安全技术规范（2015年版）》规定，在化妆品中不得检出耐热大肠菌群。化妆品中若检出有耐热大肠菌群，即表明该化妆品已被粪便污染，此时该化妆品的菌落总数均很高。被粪便污染的化妆品中可能有肠道致病菌存在，经消费者使用进入人体后，可引起肠道性疾病，故这种化妆品对消费者存在潜在的危险性。从对化妆品微生物污染状况检测表明，有三种微生物（耐热大肠菌群、铜绿假单胞菌和金黄色葡萄球菌）容易引起化妆品的污染，其中以耐热大肠菌群超标比例最高，可见在对化妆品进行卫生监督时，检测耐热大肠菌群具有重要意义。

（3）化妆品中铜绿假单胞菌的检测 铜绿假单胞菌为革兰阴性杆菌，属假单胞菌属。它在自然界分布甚广，空气、水、土壤中均存在，在潮湿处可长期生存，对外环境的抵抗力比其他菌强，抗干燥的能力也强。含水分较多的原料、化妆品易受铜绿假单胞菌的污染。铜绿假单胞菌对人类有致病力，常引起人体眼、皮肤等处的感染，特别是烧伤、烫伤及外伤患者感染铜绿假单胞菌后常使病情恶化，严重时可引发败血症；眼睛受伤感染后可使角膜溃疡并穿孔，严重时可导致失明。目前，该菌已是防止医院感染和药品、化妆品及水等必须严加控制的重要病原菌之一，《化妆品安全技术规范（2015年版）》规定在化妆品中不得检出铜绿假单胞菌。

（4）化妆品中金黄色葡萄球菌的检测 金黄色葡萄球菌因能产生金黄色色素而得名。它为革兰阳性球菌，广泛分布于自然界、空气、土壤及水中，可在人体皮肤、鼻腔、咽喉等处生存，耐热性强，对于干燥和紫外线的抵抗力亦较大，为一种致病菌，可通过多种途径侵入机体，导致各种疾病并可引起皮肤或器官的多种化脓性感染（故又名为化脓性葡萄球菌）。《化妆品安全技术规范（2015年版）》规定在化妆品中不得检出金黄色葡萄球菌。

（5）化妆品中霉菌的检测 霉菌在自然界分布极广，土壤、水域、空气、动植物体内外都可生长霉菌。霉菌同人类的生产、生活有着密切的关系，它在食品、医药、农业等领域得到了广泛应用，但其对人类的危害也越来越引起人们的重视。

化妆品基质所富有的营养成分及酸碱度、温度等都适宜霉菌生长繁殖，化妆品的生产环境、生产设备、生产过程及产品都易受到霉菌的污染。部分化妆品的质量卫生检查表明，霉菌对化妆品的污染是相当严重的，霉菌污染所引起的化妆品霉变，是化妆品变质的一个主要原因。因此，化妆品中霉菌的检测是很重要的。

第六节 功效评价

化妆品功效评价是对化妆品功效性宣称进行科学支持的有效手段，其通过生物化学、细胞生物学、临床评价等多种方法对化妆品功效进行综合测试、合理分析和科学解释。已经有很多科学手段可以用来验证化妆品的功效宣称。

化妆品功效评价的方法很多，根据实验作用对象差异，可将其归纳为体外试验、在体试验和感官评价试验。国家药品监督管理局《化妆品功效宣称评价规范》对功效宣称评价的原则、方法及诸要素进行了明确规范。下文分别阐述防晒、保湿、抗衰老、美白、抗粉刺类化妆品的功效评价方法。

一、防晒类化妆品功效评价

防晒类化妆品是指具有屏蔽或吸收紫外线作用，减轻因日晒引起皮肤损伤的化妆品。

1. 紫外线概述

（1）紫外线的分类　太阳光由电磁波谱中的 X 射线、紫外线、可见光、红外线等光谱射线组成。当太阳光穿透地球大气层时，由于臭氧层的作用，某些特定波长的光被滤掉，其余的辐射到达地球表面。

紫外线是太阳光谱中波长为 100～400nm 的部分，在电磁波中属于非电离辐射，在太阳光中约占 6.1%。根据紫外线波长不同，可将其分为：短波紫外线，波长为 200～290nm，简称 UVC；中波紫外线，波长为 290～320nm，简称 UVB；长波紫外线，波长为 320～400nm，简称 UVA。

（2）紫外线对人体的伤害　太阳光辐射虽然可增强人的体质，预防小儿佝偻，治疗抑郁症等，但更为突出的、对人们影响更大的，则是它给皮肤带来的伤害，如皮肤光老化、皮肤癌等疾病。

皮肤对光透过波长有一定的依赖关系，如图 6-1 所示，波长为 290～320nm 的中波紫外线少量透过真皮，绝大部分被表皮吸收并对其造成伤害；波长为 320～400nm 的长波紫外线辐射占紫外线总能量的 98%，绝大部分透过真皮，少量透过真皮下的皮下组织，使皮肤受到深层伤害，其辐射穿透能力和对皮肤的损害能力远远大于中波紫外线，它还会对皮肤细胞产生持久累积的光氧化损伤，导致皮肤光老化。

波长 /nm

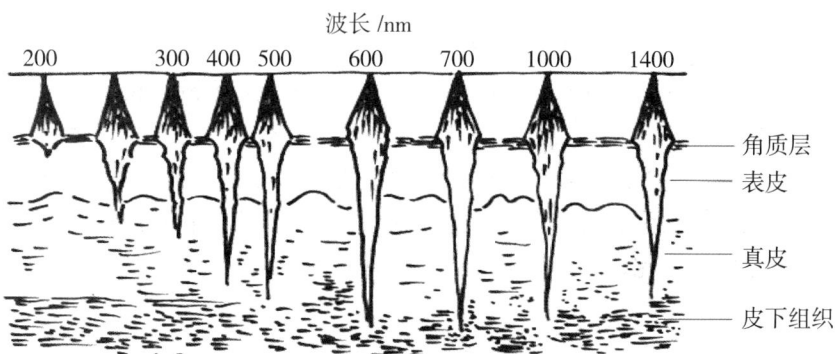

图 6-1　皮肤对光透过波长的依赖关系

表 6-2 是各个波段紫外线对皮肤损伤的描述。从表中可看出，UVB 和 UVA 是产生紫外线伤害的主要波段，也是常规研究和试验中最为关注的波段。中波紫外线是自防晒化妆品产生以来就被密切关注的波段，因为它引起的急性晒伤很容易在短时间内观察到。长波紫外线由于不会导致急性晒伤而一直被忽视。近年来，随着对紫外线的深入认识，人们已了解到长波紫外线虽然能阶低，但是到达人体的总能量大，且穿透力强，对

皮肤的损伤更强于中波紫外线，是引发皮肤癌的主要原因，所以对长波紫外线的防护投入了更多关注。

表 6-2　紫外线分类及其辐射特征

名称	能量	特征
UVC	高	这一范围的全部紫外线被大气（臭氧层）吸收
UVB	中	穿透角质层和表皮，使皮肤表皮细胞内的核酸或蛋白质变性，发生急性皮炎、灼伤、滞后色素沉着、弹性组织变性和 DNA 合成异常等；大多数皮肤伤害由 UVB 引起
UVA	低	到达人体总能量大，穿透真皮，使真皮内的纤维素和胶原纤维、弹性纤维等受伤，使皮肤松弛；UVA 还会氧化表皮中的还原核素而直接晒黑皮肤，称之为日晒黑化

2. 防晒剂　防晒化妆品是通过加入防晒剂达到防晒效果的。防晒剂是防晒化妆品中的核心物质，对防晒产品自身的形成及发展有重要的推动作用和深远的影响。目前，防晒剂按防护机理不同，大体上有物理阻挡剂、化学吸收剂，还有天然防晒剂。

（1）物理阻挡剂　物理性防晒剂即紫外线屏蔽剂，也称无机防晒剂。此类物质不吸收紫外线，而是通过对紫外线的反射及散射作用，降低其对皮肤的侵害。无机防晒剂在皮肤表面形成阻挡层，防止紫外线直接照射到皮肤上，其典型代表物质为二氧化钛、氧化锌等。无机防晒剂通常为不溶性粒子及粉体，粉状散射物质的颗粒越细，折射率越高，散射能力越强，防晒效果越好。

（2）化学吸收剂　化学性紫外线吸收剂即化学防晒剂，亦称为有机防晒剂。这些紫外线吸收剂的分子通过选择性吸收紫外线的能量，以热能或无害的可见光效应释放出来，从而达到对皮肤的保护作用。但因化学防晒剂属光敏物质，使用不当会引起光敏皮炎等，各国对此都有严格限制。

在以化学吸收剂为主的化妆品中，防晒剂大体可分为 UVB 吸收剂（对氨基苯甲酸及其同系物、水杨酸酯及其衍生物、甲氧基肉桂酸酯类、樟脑系列、二苯酮及其衍生物）和 UVA 吸收剂（甲烷衍生物、邻氨基苯甲酸酯类、二苯酮及其衍生物）。

（3）天然防晒剂　近年来，由于某些化学吸收剂光稳定性差、易氧化变质而引起皮肤过敏，所以天然防晒剂越来越受到人们的关注和青睐。

天然防晒剂包括维生素及其衍生物，如维生素 C、维生素 E、β-胡萝卜素、烟酰胺等；抗氧剂，如超氧化物歧化酶（SOD）、辅酶 Q、谷胱甘肽、金属硫蛋白（MT）等。天然防晒剂有防紫外线和清除氧自由基的功效，可修复皮肤、延缓老化，且安全性好。这类复合功能防晒剂将成为未来市场最有前景的防晒剂，但目前我国化妆品配方使用的防晒剂必须是《化妆品安全技术规范（2015 年版）》规定的准用防晒剂。

3. 防晒化妆品的功能评价方法　防晒化妆品的功能评价方法主要包括体外试验法（in vitro tests）和人体试验法（in vivo tests）。体外试验法是指使用 SPF 测试仪、紫外分光光度计等仪器测定防晒化妆品的防晒指数。体外试验法最大的优点是简单快捷，但由于其只是对样品中紫外线吸收剂防晒能力的评估，忽略了化妆品中其他成分对防晒效果的影响以及人体皮肤应用防晒化妆品后的反应，所以不能客观反映实际防晒效果，此法更适用于产品研发阶段。人体试验法是指使用模拟太阳光中紫外波的仪器照射人体皮肤，产生与太阳光照射相同结果的红斑或棕斑，以此对化妆品的防晒功能进行评价。目前，人体试验法主要使用的仪器是人工模拟太阳仪。对于产品最终的临床功能评价，必须使用人体试验法。《化妆品安全技术规范（2015 年版）》第八章为人体功效评价检验方法，规定了化妆品功效评价的人体检验项目和要求，适用于化妆品产品的人体功效性评价，并规定了防晒化妆品的功能评价方法。

（1）人体试验法

1）防晒化妆品防晒指数（sun protection factor，SPF 值）测定方法：防晒指数也称为日光防护指数，其定义为引起被防晒化妆品防护的皮肤产生最小红斑所需要的 MED 与未被防护的皮肤产生最小红斑所需的 MED 之比。即

$$SPF = \frac{使用防晒化妆品防护皮肤的MED}{未防护皮肤的MED}$$

其中，MED 即人体皮肤最小红斑量（minimal erythema dose），指引起皮肤清晰可见的红斑，其范围达到照射点大部分区域所需要的紫外线照射最低剂量（J/m^2）或最短时间（秒）。

SPF 值与紫外线辐射和吸收的关系见图 6-2。随着 SPF 值增加，防晒化妆品对阳光辐射的吸收逐渐增加，但并非线性关系。

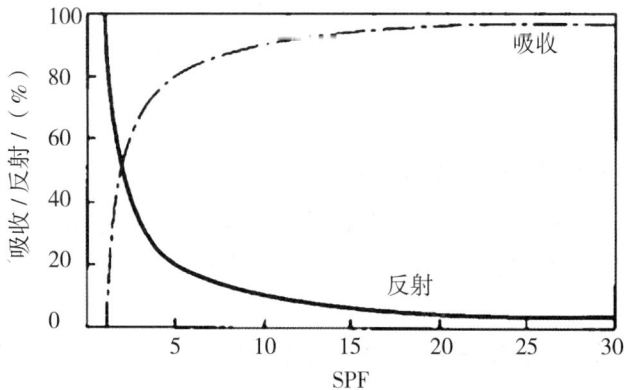

图 6-2 SPF 值与紫外线辐射和吸收的关系

在实际试验操作中，紫外线辐射剂量可用相对照射时间表示。如果涂抹了某种防晒化妆品后，人体皮肤可接受相当于相对照射时间 N 倍剂量的紫外线照射才产生红斑效应，其防晒指数的量化值即为 N。通常所说的某个防晒化妆品的 SPF 值为 15，即表示在相同日光的辐射强度下，该产品能够将人体皮肤本身红斑效应产生的时间延长 15 倍。SPF 值反映防晒品对紫外线的滤除能力，SPF 值越大，防晒效果越好。对 UVB 而言，评价防晒化妆品的防晒功能就是测防晒品的 SPF 值，但 SPF 值的测定不适用于对 UVA 的防护效果评价。

根据原国家食品药品监督管理总局发布的《防晒化妆品防晒效果标识管理要求》，SPF 的标识应当以产品实际测定的 SPF 值为依据。当产品的实测 SPF 值小于 2 时，不得标识防晒效果；当产品的实测 SPF 值在 2 ~ 50（包括 2 和 50，下同）时，应当标识该实测 SPF 值；当产品的实测 SPF 值大于 50 时，应当标识为 SPF50+。

2）防晒化妆品长波紫外线防护指数（protection factor of UVA，PFA 值）测定方法：日光中 UVA 照射到皮肤，主要产生皮肤黑化的生理学效应，该效应以最小持续性黑化量（minimal persistent pigmem darkening dose，MPPD）来量度。MPPD 是辐照后 2 ~ 4h 在整个照射部位皮肤上产生轻微黑化所需的最小紫外线辐照剂量或最短辐照时间。UVA 防护指数（protection factor of UVA，PFA）则是指引起被防晒化妆品防护的皮肤产生黑化所需的 MPPD 与未被防护的皮肤产生黑化所需的 MPPD 之比，即：

$$PFA = \frac{使用防晒化妆品防护皮肤的MPPD}{未防护皮肤的MPPD}$$

由于对 UVA 防护效果的评价尚未形成国际统一标准，因此防晒化妆品 UVA 防护效果的标识也多种多样。人体试验法测定 PFA 值时，通常使用 PA+ ~ PA++++ 表示法进行产品最终标识，根据原国家食品药品监督管理总局发布的《防晒化妆品防晒效果标识管理要求》，长波紫外线（UVA）防护效果的标识应当以 PFA 值的实际测定结果为依据，在产品标签上标识 UVA 防护等级 PA。当 PFA 值小于 2 时，不得标识 UVA 防护效果；当 PFA 值为 2 ~ 3 时，标识为 PA+；当 PFA 值为 4 ~ 7 时，标识为 PA++；当 PFA 值为 8 ~ 15 时，标识为 PA+++；当 PFA 值大于等于 16 时，标识为 PA++++。

3）防晒化妆品防水性能测定方法：防晒产品具备抗水抗汗功能是一项经典的属性。具有防水效果的产品通常在标签上标识"防水防汗""适合游泳等户外活动"等。目前防晒化妆品防水性能测定方法主要分为一般防水性和强抗水性两类。

对于产品宣称具有一般防水性的防晒化妆品，所标识的 SPF 值应该是该产品经过 40min 的抗水试验后测定的 SPF 值。测试的基本步骤为：在皮肤受试部位涂抹防晒品，等待 15 ~ 30min 或按标签说明要求进行；受试者在水中中等量活动或水流以中等程度旋转 20min，然后出水休息 20min（勿用毛巾擦拭试验部位）；入水再中等量活动 20min，结束水中活动，等待皮肤干燥（勿用毛巾擦拭试验部位）；按《化妆品安全技术规范（2015 年版）》规定的 SPF 测定方法进行紫外照射和测定。

对于产品宣称具有强抗水性的防晒化妆品，所标识的 SPF 值应该是该产品经过 80min 的抗水试验后测定的 SPF 值。测试的基本步骤为：在皮肤受试部位涂抹防晒品，等待 15 ~ 30min 或按标签说明要求进行；受试者第一次在水中中等量活动 20min，然后出水休息 20min（勿用毛巾擦拭试验部位）；受试者第二次入水再中等量活动 20min，然后出水休息 20min（勿用毛巾擦拭试验部位）；受试者第三次入水再中等量活动 20min，然后出水休息 20min（勿用毛巾擦拭试验部位）；受试者第四次入水再中等量活动 20min，结束水中活动，等待皮肤干燥（勿用毛巾擦拭试验部位）；按《化妆品安全技术规范（2015 年版）》规定的 SPF 测定方法进行紫外照射和测定。

根据原国家食品药品监督管理总局发布的《防晒化妆品防晒效果标识管理要求》，防晒化妆品未经防水性能测定，或产品防水性能测定结果显示洗浴后 SPF 值减少超过 50% 的，不得宣称防水效果。宣称具有防水效果的防晒化妆品，可同时标注洗浴前及洗浴后 SPF 值，或只标注洗浴后 SPF 值，不得只标注洗浴前 SPF 值。

（2）体外试验法　体外试验法测定防护 UVB 化妆品的防晒效果常用的仪器是 SPF 仪和紫外分光光度计，二者原理基本相同。将产品涂在特殊胶带或石英板上，根据使用防晒剂前后胶带或石英板的吸光度（透光率）值大小的变化，评价产品的防晒功能，并可得到相应的 SPF 值作为参考。这两种仪器的不同之处就在于 SPF 仪增加了特殊的软件程序，可将测定结果以 SPF 值形式显示出来。对防护 UVA 的化妆品的测评也主要以紫外分光光度法测其吸光度值或吸收曲线，进而得到测定结果。

二、保湿类化妆品功效评价

保湿类化妆品就是含有保湿成分的化妆品。它是用于补充或增强施用部位水分、油脂等成分含量，有助于保持施用部位水分含量或减少水分流失而使用的化妆品。

表皮的最外层为角质层，由于角质层本身具有吸水和屏障功能，以及角质层中所含有的天然保湿因子即乳酸盐、氨基酸类及糖类等，使角质层能够保持一定的含水量，维持皮肤的湿润度。皮肤的外观与角质层的水分含量有关，正常的皮肤角质层通常含有 10%～30% 的水分，从而能够维持皮肤的柔软和弹性。当皮肤角质层水分含量逐渐减少，直至低于 10% 时，皮肤就会出现干燥、发皱、粗糙及脱屑等现象。

1. 保湿类化妆品作用机理　人们为防止上述皮肤现象的发生，会采取各种各样的措施对皮肤进行保湿。所谓保湿是通过防止皮肤内水分的散失和吸收外界环境的水分来达到保持皮肤内含有一定水分的目的。一般认为保湿机理可分为两种：一是在皮肤表面形成一层封闭式的油膜保护层，减少或阻止水分从皮肤表面蒸发，使皮肤下层扩散至角质层的水分与角质层进一步水合；二是从大气中吸收水分使皮肤保持湿润。两者均为简单的物理过程，即水的蒸发、扩散和吸收。正常情况下，皮肤角质层的水分之所以能够被保持，一方面是由于皮肤表面的皮脂与汗液和水乳化后在皮肤表面形成的乳化皮脂薄膜可以防止水分过快蒸发；另一方面是由于皮肤角质层中存在一种水溶性的天然保湿因子（natural moisture factor，NMF），它对保持角质层中的水分起重要作用。正是由于角质层的吸水作用及屏障功能，再加上皮脂腺、汗腺分泌脂类形成水脂乳化物（hydro-lipid emulsion），才使水分不易丢失。

2. 保湿类化妆品的活性成分　目前，一些化妆品中的保湿剂就是模拟人体皮肤中由油、水、天然保湿因子（NMF）组成的天然保湿系统，作用在于延缓水分丢失，增加表皮、真皮水分渗透，为皮肤暂时提供保护，减少损伤，促进修复过程。作为保湿化妆品的原料，应具备以下特性：吸湿能力强、持久，低黏度，无色，无味，无毒，无刺激性，无侵蚀性，与其他物质相容性好，不易氧化等。另外，最好选用在正常皮肤中存在的天然保湿因子为保湿剂的原料，这样易于被生物体接受。现今已开发的保湿剂分为天然保湿剂和化学合成保湿剂，见表 6-3。

表 6-3　保湿剂分类表

类型	品种
天然保湿剂	霍霍巴油、蜂蜜、灵芝提取液、芦荟提取物、透明质酸、神经酰胺、丝蛋白类保湿剂、胶原蛋白等天然物质
化学合成保湿剂	多元醇类保湿剂、乳酸钠、角鲨烷、葡萄糖衍生物、聚丙烯酸树脂、蓖麻油及其衍生物、甲壳素壳聚糖及其衍生物、吡咯烷羧酸钠等化学合成物

此外，皮肤保湿剂还会加入一些其他成分，包括亲水基质、防光剂、乳化剂、防腐剂香料、脂质体等，维持保湿类化妆品的稳定和功效。

3. 保湿类化妆品功能评价　保湿是化妆品的基础功效，我国评价化妆品保湿功效时，常依据 QB-T 4256-2011《化妆品保湿功效评价指南》，选取 24 ~ 30 人，采用电容法测定皮肤涂抹样品后多个时间点的皮肤角质层水分含量。此外，还可根据产品的作用机理，选择体外和人体评价方法，直观反映产品的保湿功效。目前来说，国内外保湿功效的测试方法很多，主要包括仪器测定法和经典重量法。

（1）仪器测定法

1）电容测定法：电容测定法原理是基于水的介电常数（约 81）大大高于其他物质（仅为 7 左右），测试探头与皮肤接触后，电容值的变化即可反映出皮肤角质层的含水量。电容与角质层含水量成正比。Corneometer 就是一台电容测试仪，一般来说，该仪器得出的数据表示水合程度，极端干燥皮肤为 30 ~ 60；干燥皮肤为 60 ~ 70；正常的水合皮肤为 70 ~ 90；而 90 以上则为湿润的皮肤。

2）经表皮失水率测定：经表皮失水率（TEWL 值）反映水经由皮肤表面的蒸发量，是皮肤屏障功能的重要标志。经表皮失水率的测定是根据漫射原理来测量邻近皮肤表面水分蒸气压的变化。通过垂直放置于待测皮肤表面的探头测量水分经由皮肤表面的蒸发梯度；在这两个探测点测量该位置的相对湿度和温度，并计算相应的水蒸气压力，两个探测点水蒸气压梯度的差值可表征经表皮蒸发的水分量，以此来衡量皮肤表面水分流失情况，从而可以评价化妆品在皮肤表面的保湿功效。TEWL 值是皮肤屏障好坏的一个重要标志，皮肤的 TEWL 值越低，说明皮肤的屏障功能就越好，反之则越差。

3）电导装置测定皮肤角质层水分含量：通过测量电导、电容、阻抗、瞬时热传导等物理参数，间接反映角质层的水分含量。电导测试法原理是存在水中的电解质具有导电性，在皮肤角质层中除含有水分外，也含有溶于水的电解质，当探头与皮肤接触后，呈现出与水分含量相应的电流，即电流的大小与角质层水分含量成正相关。

4）红外 IR 测试：根据水的红外光谱吸光度，对皮肤角质层保湿性进行测试。在人体皮肤使用化妆品前后一定时间内，由于皮肤含水量的变化，某些红外特征吸收峰的强度和比例会发生改变。通过红外光谱测定吸光度，再经过计算和数据转换，反映出皮肤角质层含水变化情况，从而对化妆品的保湿功效进行评价。

5）其他仪器测试方法：已报道的保湿剂性能评价方法还包括电子、微波、机械法、差示扫描法（DSC）等方法，测试使用化妆品前后皮肤的水分含量情况，以此来评价化妆品的保湿功效。

（2）经典重量法　不同的保湿剂分子对水分子的作用力不同，吸收水分和保持水分的能力也不同，使得化妆品的吸湿、保湿性能存在差异。吸湿作用力大的，对水分子结合力强，吸收和保持水的量也较大；封闭性好的，水分散失的就少，油分对水分有封闭作用，可防止水分的散失。假定以玻璃板和医用透气胶带为仿角质层、表皮等的生物材料，模拟化妆品涂抹在皮肤上的过程，在上面直接均匀涂抹化妆品，再将以上样品置于恒温恒湿的条件下一定时间，称量样品放置前后的质量差，求出样品量的损失即为样品中水分的损失量。

三、抗衰老类化妆品功效评价

衰老分为生理性衰老和病理性衰老两类。化妆品涉及的主要是生理性衰老，即生物体自成熟期开始，随增龄而发生的渐进的、受遗传因素影响的、全身复杂的形态结构与生理功能不可逆的退行性变化。皮肤衰老过程不仅仅只是肌肤和容貌的渐进性苍老，而且代表了皮肤组织最大储备功能的丧失，表现为基础功能的降低和对环境影响反应能力的削弱，导致皮肤细胞和组织修复损伤的能力降低和永久性功能的丧失。

1. 皮肤衰老的特征　一般来说，皮肤衰老具有普遍性、多因性、进行性、退化性、内因性等特征，主要表现为：

（1）从皮肤的外表来观察，皮肤明显出现皱纹，尤其是在人体的面部。

（2）皮肤的颜色随着年龄的增加而逐渐加深，即色素沉着。到了老年之后，开始出现"老年斑"。

（3）随着年龄的增加，皮肤的表皮逐渐变薄，皮肤中水分和脂肪含量减少，使皮肤变得粗糙、失去光泽。

（4）皮肤的附属器官如毛发、指甲等，发生明显的变化，如毛发变白、脱落，指（趾）甲变得干燥、肥厚。

2. 皮肤衰老的类型　皮肤衰老是内源性因素和外源性因素共同作用的结果，内源性衰老又称自然衰老，为不可避免的渐进过程；外源性衰老主要指由紫外线辐射、吸烟、风吹、日晒及接触有害化学物质等环境因素导致的衰老，其中日光中的紫外线辐射是环境因素中导致皮肤老化的主要因素，所以外源性老化又称为光老化。

3. 影响皮肤衰老的因素

（1）内在因素

①皮肤附属器官功能的自然减退。由于皮肤的汗腺、皮脂腺功能降低，分泌物减少，使皮肤由于缺乏滋润而干燥，造成皱纹增多。

②由于皮肤新陈代谢慢，使得真皮内弹力纤维和胶原纤维功能减退，造成皮肤张力与弹力的调节作用减弱，使皮肤皱纹增多。

③皮肤的营养障碍。面部的皮肤较身体其他部位的皮肤薄，由于皮肤的营养障碍，使得皮下脂肪储存逐渐减少，细胞和纤维组织营养不良，性能下降，从而使皮肤出现

皱纹。

（2）外在因素　如紫外线，过多及过于丰富的面部表情，长期睡眠不足，长期在光线暗的环境下工作，不当的迅速减肥或缺乏体育锻炼，皮肤水分补充不足，环境突然改变或环境恶劣，化妆品使用不当，烟、酒等刺激。

4. 抗衰老的活性物质　现代皮肤生物学的进展，逐步揭示了皮肤老化现象的生化过程，认为在这过程中对细胞的生长、代谢起决定作用的是蛋白质、特殊的酶和起调节作用的细胞因子。因此，可以设计和制备一些生化活性物质，有助于皮肤处于最佳健康状态，以达到抑制或延缓皮肤衰老的目的。主要的抗衰老活性物质如下：

（1）超氧化物歧化酶（SOD）　自由基使皮肤表皮内的胶原蛋白、弹力纤维交联、变性、变脆而失去弹性。如果能采取措施减少皮肤自由基生成，或对已生成的自由基进行有效清除，就可以有效地减缓皮肤的衰老。酶在人体组织中起催化作用，在细胞的生理新陈代谢过程中具有重要的作用。酶的种类很多，其中超氧化物歧化酶可以清除机体内过多的超氧自由基，调节体内的氧化代谢功能，具有抗衰老作用。SOD 已在化妆品中得到广泛的应用。

（2）α-羟基酸　α-羟基酸（简称 AHA）俗称果酸。长期试验确认 AHA 作为抗衰老添加剂能进入皮肤毛孔，对成纤维细胞有促进作用，可加快表皮死细胞脱落，减少皮肤角质化，刺激皮肤蛋白质弹性朊的活性，促进表皮细胞更新；有助于减缓皮肤皱纹产生或淡化皱纹和色斑，使皮肤光洁、柔软和富有弹性。

（3）胶原蛋白、弹力蛋白　动植物提取物及其衍生物，如胶原蛋白氨基酸、水解（溶）胶原蛋白、水解乳蛋白、水解麦蛋白、水解大豆蛋白等，有助于改善皮肤内结缔组织的结构和生理功能，用以改善皮肤的外观，减缓皮肤老化。

5. 抗衰老化妆品功能评价　目前，抗衰老化妆品的功效评价分为体外评价和人体评价两部分。

（1）体外评价

1）清除自由基能力的测定：根据自由基伤害理论，自由基过量产生是导致皮肤自然衰老和光致老化的主要原因。自由基包括 DPPH、超氧阴离子、羟基自由基等。减少自由基的产生和清除老化代谢产物，提高抗氧化酶活性已成为目前延缓皮肤衰老的有效方法。因此，是否具有清除自由基的能力是评价抗衰老化妆品（原料）的重要指标之一。

2）成纤维细胞体外增殖能力检测：目前细胞衰老研究多采用人二倍体成纤维细胞培养。所谓二倍体细胞培养，是培养的细胞始终维持二倍体生物学性状的培养方法。二倍体细胞来源于体内二倍体细胞，即正常细胞的初代培养。初代培养细胞成功后能始终保持二倍体细胞性状，便成为二倍体细胞培养，二倍体细胞具有有限的增殖能力。研究表明，不同年龄皮肤成纤维细胞的复制寿限与供者的年龄呈负相关，供者年龄每增加一岁，其细胞的体外复制寿限降低 0.2 代。为了检测受试物对细胞衰老的影响，在细胞体外传代的培养液中加入一定浓度的受试物溶液，进行传代培养，记录各组传代的间隙天数。

3）细胞表达胶原蛋白试验：皮肤中胶原蛋白的流失会造成皮肤松弛、弹性下降、细纹增多且不断加深，呈现衰老迹象。人体皮肤中的胶原蛋白主要为Ⅰ型和Ⅲ型。其中，Ⅰ型胶原蛋白约占70%，Ⅲ型胶原蛋白占30%。皮肤出现老化时，胶原蛋白含量逐渐降低，两者比例发生倒置，同时胶原变粗，出现异常交联。可采用免疫细胞化学法等方法，对引起Ⅰ型、Ⅲ型胶原蛋白及其他相关蛋白、基因、酶改变的标记物进行测试，评价产品抗衰老功效。

4）线粒体膜电位试验：线粒体膜电位的变化与细胞凋亡密切相关。通过测试线粒体膜电位的提升情况，可以评价皮肤的衰老状况，间接评价产品的抗衰老功效。

（2）人体评价　皮肤衰老外观上以色素失调、表面粗糙、皱纹形成和皮肤松弛为特征，可表现为皮肤色度、湿度、酸碱度、光泽度、粗糙度、油脂分泌量、含水量、弹性、皮肤和皮脂厚度、皱纹数量、长短及深浅等多种理化指标和综合指标的变化。因此通过比较抗衰老化妆品使用前后对皮肤衰老各方面的特征的影响，可以比较客观地评价抗衰老化妆品的功能。

1）皮肤弹性测试：皮肤弹性随皮肤衰老而降低，因此皮肤弹性是判断皮肤衰老的重要标志之一，是皮肤衰老检测必不可少的项目。

2）皮肤水分测试：水分是皮肤表皮角质层重要的塑形物质之一，皮肤衰老时表皮角质层变薄，角质层中天然保湿因子含量减少，皮肤水合能力降低，皮肤水分丧失增加，同时细胞皱缩，组织萎缩，出现组织学结构和形态学改变而使皮肤逐渐出现细小皱纹。随着皱纹的进一步增多和加深，使皮肤表面积也不断增大，加上表皮进一步变薄，水分丧失更加严重，皮肤衰老加重。通过对皮肤水分的测定，不仅可以直接了解皮肤表皮角质层的水分含量，也可以间接反映皮肤衰老的程度。

3）皮肤酸碱度测试：皮肤酸碱度是由皮肤角质层中水溶性物质、排出的汗液、皮肤表面的水脂乳化物及皮肤呼吸作用所排出的二氧化碳等共同作用的结果。一般生理状态下，皮肤表面通常呈弱酸性，pH值范围在4.5～6.5之间，这种微酸性的环境对于维护皮肤正常的生理功能，防止微生物特别是病原微生物的侵袭具有较为重要的屏障防护作用，同时对外界环境中的酸或碱对皮肤的侵蚀也有一定的缓冲作用。随着年龄的增长，维持皮肤弱酸性的皮肤酸性物质生成减少，皮肤pH值呈上升趋势，逐渐丧失对外界酸碱变化的缓冲作用和皮肤防护作用。因此对皮肤酸碱度的测定，可以观测抗衰老化妆品延缓皮肤衰老的作用效果。

4）皮肤油脂测试：皮脂腺分泌的皮脂主要含有角鲨烯（12%）、蜡酯（25%）和甘油三酯（57%）及少量来自表皮的胆固醇酯，能够与汗腺分泌的汗液在皮肤表面形成一层乳状膜或水脂乳化物，对保持皮肤角质层的柔润、防止角质层正常水分的挥发、保持细胞组织的正常结构和形态特征有重要的生理作用。随着皮肤衰老，皮脂分泌下降，水脂乳化物形成减少，导致皮肤出现干燥、粗糙、无光泽等症状。因此，通过对皮肤表面皮脂的测定可初步判断皮肤衰老的状况。

5）皮肤皱纹的测定：皱纹形成是皮肤衰老的最重要特征，受遗传、内分泌等诸多内源性因素变化的影响，同时外源性因素如紫外线、吸烟等可明显加速、加重皱纹的形成。一般来说，从 20 岁左右开始，人体前额部即可出现皱纹；30～40 岁时不断增多并逐渐加深加重，几乎与此同时在外眼角部出现鱼尾纹，接着围绕上下眼睑出现皱纹，并向四周蔓延；随着年龄进一步增长，到 50 岁以后，由口至腭部的深度皱纹出现，以后逐渐遍布全身，形成更加典型的老化外貌。进行皮肤皱纹的测定，对于判断皮肤衰老程度十分重要。

6）皮肤微循环测试：皮肤微循环系统是个复杂的系统，也是皮肤的重要结构。作为皮肤屏障的重要组成部分，皮肤微循环系统起着储存血液和营养皮肤的重要作用。皮肤血流量是评价皮肤微循环情况的重要标准。研究表明，年轻人皮肤血管排列整齐，年龄较大者血管扩张、扭曲、排列不规则。总体上，随着年龄的增长，皮肤血流量增加，但由于皮肤微循环还受其他因素影响，所以在评价化妆品原料或产品的抗衰老功效时，一般只将其作为辅助指标。常用的测试仪器为激光多普勒成像仪，该仪器利用激光多普勒原理检测人体组织微循环。

四、美白类化妆品功效评价

祛斑美白类化妆品主要是用于减轻皮肤表皮色素沉着或有助于皮肤美白增白的化妆品。祛斑美白类化妆品对肤色暗沉、不均匀及色斑等肌肤局部瑕疵具有一定的改善作用，适当使用有助于淡化色斑，但黄褐斑、雀斑、妊娠斑等肌肤问题，与人体内在因素如激素水平、遗传等有关，因而仅靠外部使用化妆品是不能彻底解决的。

1. 皮肤黑化和色斑形成的原理　除遗传因素外，决定人类皮肤颜色的因素还包括皮肤内各种色素的含量、血液中氧合及还原血红蛋白含量、皮肤厚度、光线照射导致的皮肤表面散射等。其中最主要的因素是皮肤黑素细胞中黑素这一高分子生物色素的数量、大小、分布和黑素化程度，而黑素细胞的结构功能和数量直接影响皮肤中黑素的含量，是产生黑素的决定因素。

（1）黑素细胞和黑素　黑素细胞是皮肤的重要组成细胞之一，位于表皮和真皮的交界处。黑素细胞是一种具有树状突起的腺细胞，起源于胚胎神经嵴，随胚胎发育移至表皮基底层，与角质形成细胞构成一个表皮黑素单位，完成黑素的合成、传输及降解。黑素细胞内产生的黑素通过树状突起运输到角质形成层细胞中，后转移至角朊细胞，再经表皮细胞到角质层后，随角质层脱落排泄。

黑素是一种高分子生物色素，主要分为优黑素和褐黑素两大类。优黑素主要是由 5, 6- 二羟基吲哚和少量 5, 6- 二羟基吲哚 -2- 羧酸经不同类型 C-C 键连接构成的不溶于多聚体、可溶于稀碱的黑色或褐色聚合物。褐黑素的结构还未完全清楚，但有研究表明褐黑素主要是由 1, 4- 苯并噻嗪基丙氨酸经不同类型键合，任意连接成的含硫高的聚合物构成的黄色或红色复合物。

（2）黑素的形成及原因　黑素的合成必须有三种基本物质：酪氨酸、酪氨酸酶和氧。目前公认的黑素合成途径为：酪氨酸→多巴→多巴醌→多巴色素→二羟基吲哚→酮式吲哚→黑素，此途径合成的黑素为优黑素。存在于黑素细胞组织中的酪氨酸在酪氨酸酶等酶的作用下经过多巴的一系列还原及氧化型中间体逐步转化为优黑素。多巴醌在黑素合成中还可通过另一途径经半胱氨酸催化生成褐黑素，但褐黑素在皮肤中的功效尚不了解。

在黑素形成过程中，酪氨酸酶是主要的限速酶，其活性大小决定黑素形成的数量。但有研究表明，除酪氨酸酶外，多巴色素互变酶和 5,6- 二羟基吲哚 -2- 羧酸氧化酶在黑素形成中也起作用，这就产生了三酶理论。多巴色素互变酶促使所作用底物重排，在多巴色素自发脱羧、重排生成 5,6- 二羟基吲哚的同时，黑素细胞内部分多巴色素在多巴色素互变酶的存在下重排生成 5,6- 二羟基吲哚 -2- 羧酸，再经 5,6- 二羟基吲哚 -2- 羧酸氧化酶作用形成黑素。多巴色素互变酶主要通过调节 5,6- 二羟基吲哚 -2- 羧酸的生成速率而影响黑素分子的大小、结构和种类。

影响黑素形成的原因包括内源性和外源性两方面。内源性因素包括遗传因素、细胞因子的调节（细胞外的影响及细胞内的影响）、激素的调节等；外源性因素主要是指紫外线的刺激。紫外线是人类黑素细胞增殖和皮肤色素沉着增多的主要生理性刺激，也是使人类肤色变黑及生成色斑的主要途径和方式。

2. 美白祛斑化妆品的作用原理及活性成分　美白祛斑化妆品是通过美白剂的作用，减轻或减缓皮肤色素沉着，达到皮肤美白增白的效果。不同物质的美白剂作用靶点和机制不同，这就为美白祛斑剂的发展提供了多条途径。

（1）美白祛斑化妆品的作用原理　在合成黑素的基本物质中，酪氨酸是制造黑素的主要原料，酪氨酸在酪氨酸酶的作用下与氧结合形成黑素。酪氨酸酶是这一转化过程中的主要限速酶，其活性易受外界影响，因此是美白祛斑化妆品的主要作用点和实现途径之一。针对酪氨酸酶的作用机制包括抑制酪氨酸酶的活性、减少其产生及合成、加速其分解等。防止黑素生成，还可通过破坏黑素细胞，抑制黑素颗粒的形成以及改变黑素颗粒的结构，或还原黑素合成过程的中间体多巴醌等方式实现。此外，从干扰、控制黑素代谢途径方面入手，通过抑制黑素颗粒转移至角质形成细胞，或加速角质形成细胞中的黑素向角质层转移，以及加快角质层脱落（即以果酸、维生素等物质促进已生成的色素排出体外）的方法，也可达到美白淡斑的效果。

（2）美白活性物质　按照不同的作用机制，美白剂主要分为以下几类：

①酪氨酸酶活性抑制剂：依据抑制机理的不同，可将该类化合物分为两种——酪氨酸酶的破坏型抑制剂和非破坏型抑制剂。破坏型抑制剂有曲酸及其衍生物、有氧肟酸、环庚三烯酚酮等。非破坏型抑制剂包括葡萄糖胺、熊果苷、半胱氨基酚类、类黄酮及胎盘提取物等。

②黑素细胞毒性剂：包括抗坏血酸四异棕榈酸酯等。

③还原剂：通过还原剂将氧化性黑素还原成无色的还原性黑素，并抑制酪氨酸酶的作用。此类物质包括维生素 C、维生素 E 及其衍生物等。

④黑素运输阻断剂：如壬二酸、维生素 A_1、亚油酸等。

⑤皮肤剥落剂：包括果酸、亚油酸、亚麻酸等。

⑥内皮素拮抗剂：内皮素是指在紫外线照射下，角朊细胞释放出的一种在被黑素细胞受体接受后，刺激黑素细胞增殖并激发酪氨酸酶活性的细胞分裂素。内皮素拮抗剂即

为对抗内皮素，间接抑制黑素细胞分化及酪氨酸酶活性的物质。此类物质包括绿茶提取物等。

⑦遮光剂：使皮肤变黑生斑的诸多因素中，外源性因素是主要的。因此能吸收紫外线并清除氧自由基的物质，成为美白剂开发的重点方向。目前此类物质主要有对氨基苯甲酸酯类、肉桂酸酯类、二苯甲酮类等。

3. 美白祛斑化妆品功能评价 美白祛斑化妆品的功能评价方法可分为生物化学法、细胞生物学法、动物试验法和人体试验法等。前两种方法主要对美白添加剂的功能进行测定，而后两种既可对美白添加剂进行评价，又可对美白祛斑化妆品本身的功能进行评价。

（1）生物化学法 在黑素的形成过程中，酪氨酸酶是决定产生黑素数量的主要限速酶，而美白祛斑产品主要也是通过抑制酪氨酸酶活性而达到目的。因此，这类美白剂对酪氨酸酶活性抑制率的高低成为衡量美白效果的一个重要指标。生物化学法常以 L- 酪氨酸或 L- 多巴为底物，通过试管试验检测美白剂对酪氨酸酶活性的抑制率。

（2）细胞生物学法 在细胞水平上的功能评价方法主要包括酪氨酸酶活性测定和黑素含量测定。

1）酪氨酸酶活性测定：黑素细胞的黑素合成机制因其复杂性而至今未有定论。对黑素合成调控的认识从酪氨酸酶单酶学说到多酶学说，再到酪氨酸酶多态性认识，众说纷纭。目前国外对美白祛斑化妆品的功能评价主要以检测添加美白活性成分后，是否抑制黑素细胞中黑素合成的催化剂——酪氨酸酶的活性为主要手段，通过测定化妆品对酶活力的改变来评价其增白功能。

酪氨酸酶活性检测方法有放射性同位素法、免疫学法和生化酶学法，其中以生化酶学法较为简单成熟，但此法仍需结合各种试验方法，才能正确评价化妆品的美白祛斑功能。

2）黑素含量测定：在美白祛斑产品评价中，无论美白剂通过抑制酪氨酸酶活性还是阻断传导等途径，最终都以黑素细胞中黑素含量是否降低为标准，所以黑素含量的测定是评价产品效果的直接方法。

现阶段黑素含量的测定方法主要是分光光度法，具体过程为：将 B-16 黑瘤细胞用 0.1% 葡糖胺培养至完全白化，再加入 2mmol/L 的茶碱促使细胞回复到黑素合成状态。同时加入试样，镜检细胞颗粒的色调判断样品对新生黑素的抑制（或促进）效果。最后对细胞颗粒进行离心分离操作，使细胞内颗粒释放出来，在 420nm 光谱条件下测吸光度，进行黑素总量的测定，以判断样品对黑素数量的影响。

细胞生物学法可避免个体差别引起的误差，更具重复性。但该方法对细胞数量、环境温度、测定时间等因素要求高，操作步骤比较复杂，当样本量较多时会导致被测试细胞在等待过程中大量死亡，从而影响结果的准确性。

（3）动物试验法 用棕色或黑色成年豚鼠 10 只，均于背部两侧剃去毛发，成若干 1cm×2cm 大小的区域。用棉棒将化妆品于去毛发区依次涂抹一圈，每日 2 次，并设去毛皮肤空白对照。28 天后对受试豚鼠的皮肤活组织固定、包埋、切片，进行组织学观察，基底细胞中含黑素颗粒细胞计数及多巴阳性细胞计数。

（4）人体试验法　对于化妆品的检测评价，在经毒理学和人体斑贴试验后，应最终由人体试用试验来确定效果是否符合宣传功能，这种方法所得结果更客观、真实、有效。在人体试验中，目前较常用的方法是L*a*b*色空间系统分析法、皮肤黑素测定法和漫反射光谱法。

国家药品监督管理局2021年第17号通告将化妆品祛斑美白功效测试方法纳入《化妆品安全技术规范（2015年版）》。其中，紫外线诱导人体皮肤黑化模型祛斑美白功效测试法是通过紫外线诱导人体皮肤黑化模型对化妆品祛斑美白功效的测试方法；人体开放使用祛斑美白功效测试法是对化妆品祛斑美白功效的人体开放使用试验的测试方法。通过视觉评估、皮肤色度仪测量、皮肤黑素检测仪测量、图像摄取和分析、数据统计后得出试验结论。

五、抗痤疮类化妆品功效评价

痤疮又称粉刺，是一种由多种因素综合作用所致的常见毛囊、皮脂腺慢性炎症疾病，是大多数青年男女在青春发育期存在的较普遍的皮肤疾病。

1. 痤疮的发病机制　现代医学认为，痤疮为多因素综合作用的结果，但主要受体内内分泌的影响，主要是雄性激素分泌水平增高，促使皮脂分泌活跃、增多。毛囊皮脂腺开口被阻塞是发病机制中的重要因素。在毛囊闭塞的情况下，痤疮丙酸杆菌大量繁殖，导致炎症，形成痤疮最基本的损害——炎性丘疹。在闭塞的毛囊皮脂腺内部，大量皮脂、脓细胞把毛囊皮脂腺结构破坏，形成结节、囊肿和粉瘤，最后破坏皮肤甚至形成疤痕。

2. 影响痤疮形成的因素　近年的研究不断证实痤疮的发病机理及使病情加重的诱发机制，主要与性激素、皮脂分泌、脂质成分、免疫功能、毛囊角化、微生物、炎症因子、维生素、微量元素等有关。

（1）遗传因素。父母在年轻时发生痤疮，子女在同年龄段发生痤疮的概率很大。一是遗传皮肤机能状态，如皮脂腺分泌情况；二是遗传面部对痤疮的反应状态。但是，这只是一种遗传因素，绝不是遗传病，并且通过积极预防和恰当治疗完全可以彻底治愈，不受遗传因素影响，并且愈后无任何后遗症。

（2）免疫机制及微量元素摄入不足，如锌、钙、维生素类。有研究表明痤疮患者锌含量低，可能影响机体对维生素A的利用，促使毛囊皮脂腺的角化；铜含量低可能影响机体对细菌感染的抵抗力；锰含量升高，可能影响体内脂肪代谢、性激素分泌。

（3）饮食习惯。如喜食动物脂肪、糖类食物，它们进入体内转化为脂肪，皮脂分泌旺盛，堵塞毛囊孔，或偏嗜辛辣、油腻、刺激性食物，引起大便干燥，营养结构不平衡，损害胃肠功能，使痤疮发生。

（4）精神因素和消化功能。心理状态不平和，精神紧张、焦虑、抑郁、烦躁，精神创伤，消化不良，长期便秘、腹泻等胃肠功能紊乱也是产生痤疮的诱因，并能使其加重。

（5）空气污染。污染的空气中重金属离子增多，堵塞毛孔，损伤皮肤，使皮肤受过量紫外线照射，另外，环境噪音可使皮肤处于紧张的防御状态，影响皮肤代谢。

（6）外用化妆品长期刺激皮肤，并使毛囊孔堵塞，容易诱发痤疮的形成。化妆品使用不当造成毛囊口的堵塞而引发的粉刺及其一系列症状，近年来比较多见。例如头发刘海过长、常用太油的发胶，会引起额头局部痤疮；如果使用的乳液、粉底不合适，或上妆太厚，也常会因堵塞毛孔而使双颊出现痤疮；此外，刷牙时残留在嘴唇周围的含氟牙膏也可刺激皮肤引起局部痤疮。

（7）矿物油类的接触。碘化物、溴化物及某些其他药物使用，也是一部分人的发病因素。

（8）长期处在冷热温差较大的空调环境中，也是痤疮的诱发因素。

3. 常用于化妆品中的抗痤疮物质

（1）维生素类 现常用的维生素 B_2、B_6 和维生素 A 有调节皮脂分泌作用。

（2）生化物质 果酸特别是甘醇酸常作为抗粉刺的活性物质，目前也较多使用 β-羟基酸（BHA）水杨酸作为抗粉刺添加成分。

（3）天然动植物提取物 天然动植物，特别是中草药中许多具有清热、消炎、解毒作用的提取物常作为抗粉刺的成分，如甘菊、春黄菊、蛇舌草、黄芩、苦参、紫草、细辛、杏仁、白僵蚕等。海洋生物褐藻等的提取物也可作为防粉刺的活性物质。

4. 抗粉刺化妆品功能评价方法

（1）对皮脂分泌的抑制效果评价 皮脂分泌亢进是痤疮发生的初始因素之一，因此，抑制皮脂分泌可作为抗粉刺化妆品功能性评价的重要指标之一。以德国 Courage+Khazaka（CK）公司生产的 Sebumeter®SM810 测试仪器为例，其测试原理为：油分测试基于光度计原理，有一种 0.1mm 厚的特殊消光胶带吸收人体皮肤上的油脂后，会变成一种半透明的胶带，透光量会发生变化，吸收的油脂越多，透光量就会越大，这样可以测量出皮肤油脂的含量。此测试仪的最大优点是测试探头体积小，使用方便，可测试皮肤的任何部位，这是一种油脂腺分泌物的间接测量法。

（2）图像分析法测试 卟啉（主要包含粪卟啉Ⅲ、原卟啉Ⅳ）是痤疮丙酸杆菌利用油脂代谢产生的一种分泌物，常堵塞毛孔，导致痤疮。利用 VISIA 或 VISIA-CR 拍照，在橙光条件下，卟啉可发出荧光，呈现出圆形白色斑点，间接反映皮肤中痤疮丙酸杆菌的数量。荧光点计数值即卟啉值，卟啉值越高表示痤疮丙酸杆菌越多。

（3）受试者自我评估 根据样品的使用情况，通过受试者自我评估，可反映受试者自我感知的祛痘效果。

第七章　化妆品相关法规标准 ▷▷▷▷

第一节　国际化妆品法规标准

植物化妆品产品研发的全过程必须时刻围绕国家法律法规、国家标准、行业标准等产品开发要求来展开，相关研究必须符合相关法律法规要求。化妆品法规标准是化妆品行业持续健康发展的根本保障，完善化妆品法规标准体系可以更好地规范化妆品市场行为，提高政府监管能力，切实保护消费者合法权益。欧洲联盟（简称欧盟）及美国、日本等国是化妆品行业较发达的地区，在化妆品监管方面的政策法规和技术方法均处于世界前列，关注其化妆品法规的进展，对我国化妆品监管体系的完善和行业的发展有积极意义。

一、欧盟

（一）法律文件

《欧盟化妆品法规》（European Cosmetics Regulation）：欧盟化妆品的主要监管法规。

（二）化妆品的监管

欧盟委员会负责向欧洲议会和欧盟理事会提议立法，同时确保欧盟法律在成员国正确实施。欧盟层面负责化妆品监管的机构为欧盟卫生与食品安全委员会（DG SANTE），下设化妆品常务委员会。欧盟各成员国市场主管部门分别负责其国内上市的产品监管。欧盟对化妆品产品实行通报（备案）制度，但欧盟委员会并不审核备案信息，只是对备案信息存档。如果在化妆品上市后发生安全问题，可以调取这些信息。

在欧盟，化妆品投放市场之前无需政府审核批准，但化妆品产品需通报（备案），即化妆品投放市场前，化妆品产品的责任人应在产品上市前以电子形式向欧盟委员会提交产品种类和名称、责任人地址和联系方式、产品上市的成员国、出现问题时的正确处理方法等信息。上市化妆品产品的责任人应为在欧盟境内的法人或自然人。指定责任人，是化妆品投放欧盟市场的前提条件。责任人承担产品安全质量责任，应当确保其产品符合该法规的要求，负责向政府职能部门提供产品的相关信息，同时在产品出现问题时，责任人应保证政府职能部门获取产品信息文件，并负责采取退货、召回等措施。产品信息文件应包括产品描述、化妆品安全性报告、生产工艺及 GMP 符合性声明、产品所宣称功能的证明、动物实验数据等。根据现行指令 76/768/EEC 已经通报的产品也需要提供符合新法规的产品信息文件。责任人应保证化妆品产品在上市前已经通过安全性评估。化妆品安全性报告是产品信息文件的重要部分，直接涉及化妆品安全性评估的内容。化妆品安全性报告包括化妆品安全信息和化妆品安全评估两部分，具体包括化妆品成分的定量和定性描述、物理 / 化学特性、微生物描述和测试、稳定性、杂质、痕量物质、包装材料信息、安全评估结论、标签上的警告以及产品使用说明、论证解释和结果等内容。

（三）化妆品定义

化妆品指在人体外表部位（皮肤、毛发、指甲、口唇和外生殖器等）或牙齿和口腔黏膜使用，以达到清洁、加香、改变其外观和（或）起保护作用，保持其状态或消除不良气味的物质或混合物。

（四）化妆品的生产与产品

欧盟实施以企业自律为主的化妆品管理模式，目前欧盟法规层面没有对化妆品生产者的生产准入规定，但鼓励生产企业遵循良好生产规范（GMP）组织生产。欧盟成员国中许多企业采取 ISO 认证的方式实施生产企业的规范化管理。GMP 和 ISO 认证体系都以有关法规和标准为依据。

企业是化妆品质量安全的第一责任人。化妆品上市前，产品的责任人应按规定以电子形式向欧盟委员会提交产品所需的文件资料。欧盟各成员国主管部门负责化妆品上市后监督检查，以确保欧盟生产化妆品或进口化妆品的安全。根据《欧盟化妆品法规》（EC）1223/2009 的规定，各成员国主管部门的监管职责主要包括：

第一，检查化妆品生产者是否符合良好生产规范要求。

第二，根据产品信息文件，或基于足够样品进行物理和实验室检验，开展对化妆品及其生产经营者的监督检查。

第三，对化妆品所含任何成分的安全存在严重质疑时，市场上销售该化妆品的成员国主管部门可通过合理方式，要求化妆品责任人提交一份含有该成分的化妆品清单（清单应当标明化妆品中该成分的浓度）。

第四，对于不合规产品，各成员国主管部门应要求化妆品责任人采取一切适当措施，包括纠正措施、撤回或召回已上市的产品。

第五，当化妆品对人体健康造成严重危害时，主管部门应采取相应的措施，禁止或限制该化妆品投入市场或召回该化妆品，同时应立即将采取的措施通知欧盟委员会和其他成员国主管，涉及化妆品安全要求、责任人制度、经销商义务、安全评估、产品信息、上报信息、消费者信息、原料的使用限制、禁止动物实验、严重不良反应信息交流、市场监管、罚则等内容。附录依次规定了化妆品安全报告（附录Ⅰ）、化妆品禁用物质清单（附录Ⅱ）、化妆品限用物质清单（附录Ⅲ）、化妆品准用着色剂清单（附录

Ⅳ）、化妆品准用防腐剂清单（附录Ⅴ）、化妆品准用紫外吸收剂清单（附录Ⅵ）、包装与容器图标（附录Ⅶ）、动物测试验证替代方法清单（附录Ⅷ）、废止指令及其后续修订列表以及转化为国家法律和实施时限列表（附录Ⅸ）、76/768/EEC 指令与法规（EC）1223/2009 的对应关系表（附录Ⅹ）。

欧盟委员会几乎每年都会对《欧盟化妆品法规》（EC）1223/2009 进行数次修订，以 2023 年的修订为例，（EU）2023/1545 号修订案修订了《欧盟化妆品法规》（EC）1223/2009 的附件Ⅲ，新增了 56 种香料过敏原。

二、美国

（一）法律文件

《联邦食品、药品和化妆品法案》（Federal Food Drug and Cosmetic Act）：美国化妆品主要法规。

（二）化妆品的监管

美国食品药品监督管理局（FDA）是美国化妆品的主管部门。FDA 的一项职责便是确保化妆品相关法规的顺利实施，保护消费者的健康和利益。为保障《联邦食品、药品和化妆品法案》顺利实施，FDA 发布了配套的系列法规文件，并在《联邦规章典集》中收录发布。其中第 21 篇为食品与药品规章，包含化妆品禁限用清单、标签要求等。美国食品药品监督管理局监管范畴包括化妆品法规、微珠、色素添加剂、化妆品成分法规、化妆品包装和标签（包括消费品安全委员会对化妆品的要求）、防篡改包装。除了国家层面的法规，美国部分州或部门针对化妆品出台了补充监管法规。目前美国各州政府关于化妆品法规的修订没有统一的指导原则。

消费品安全委员会（CPSC）负责产品安全、儿童产品、儿童防护包装、肥皂、有害物质的监管，尽管化妆品不属于其管辖范围，但若玩具搭配了儿童化妆品，则儿童化妆品也应同时纳入；海关与边境保护局（CBP）负责进口货物的特定要求，包括进口化妆品原产国的标记以及原产国的许可和化妆品成分等的监管；环境保护局（EPA）负责对需消耗臭氧层物质，含挥发性有机化合物的化妆品以及容器或包装标注产品生产日期、月份和年份，或表明该日期代码的规定的监管。联邦贸易委员会（FTC）负责针对不公平贸易事件以及美国制造的声称，环境和产品性能的声明的监管；美国农业部（USDA）负责对产品的有机宣称规定的监管。

（三）化妆品定义

根据美国《联邦食品、药品和化妆品法案》，化妆品指的是预期以涂抹、喷洒、喷雾或其他方法施用于人体以达到清洁、美化、增进魅力或改善外观目的的物品（含有碱性脂肪酸盐且未宣称清洁之外功能的肥皂除外）。这一类产品常见的有身体润肤品、香水、唇膏、指甲油、眼部和面部化妆品、洗发水、烫发剂、染发剂、除臭剂以及预期用作化妆品成分的任何物质，但需要注意的是去头屑洗发水、防晒霜同时符合化妆品与药品的定义。在美国，药品是指预计用于人或动物疾病的诊断、治疗、缓解、处理、预防的物品以及影响人或动物机体结构或功能的物品。当某一产品具备化妆品和药品两种预期用途时，必须同时符合化妆品和药品的要求，这类产品称为化妆品/药品，也称为药物化妆品。例如去屑洗发水，洗发水是化妆品，因为其预期用途是清洗头发，去屑制剂是一种药品，因为其预期的用途是治疗头皮屑。显然，去屑洗发液既是化妆品也是药品。又如，其他化妆品/药品组合的如含氟化物的牙膏、防汗的除臭剂及宣称防晒的保湿液和化妆品，该类产品需按化妆品和药品同时管理。

确定产品的预期用途很重要。FDA 网站列举了化妆品自愿注册产品分类目录清单，根据产品功效宣传用语和预期用途，产品标签、广告和互联网上或其他宣传材料中载明的宣传语实际上已反映出产品定位。某些夸张的宣传语可能导致产品被视为药品，即使产品被当作化妆品出售，但只要有治疗或防止疾病或以其他方式影响人体的结构或功能的宣传语，都会将产品视为药品并按药品监管。例如，宣称产品将使秀发恢复生长，减少脂肪，治疗静脉曲张，使细胞再生等，可误导消费者误认为有治疗用途。

（四）化妆品的生产与产品

美国实施产品自愿备案制度，无生产许可要求，注重事后监管。

化妆品产品投放市场前可不需要许可，生产商和进口商也不需要提交产品的信息或进行化妆品的生产登记。

美国 FDA 的自愿注册计划，包括化妆品生产设施注册和自愿报告计划。自愿进行化妆品生产设施注册是指任何化妆品公司在自愿的情况下，对涉及生产或包装销售的化妆品的生产设施予以注册。一旦 FDA 完成全部文件的审核，将会给该生产设施指定一个永久性注册号。自愿报告计划是化妆品生产厂家自愿注册化妆品成分声明（配方），即在生产销售前化妆品生产厂家既可自愿注册，又可不经 FDA 批准直接上市。自愿注册生产机构的信息被记入 FDA 的 VCRP 数据库；如果生产商向 FDA 提供了产品配方，若其产品使用了有害或禁用物质，FDA 可通过 VCRP 数据库的通讯录及时提醒厂商，从而可以在产品投放市场前改正他们的配方，避免了因存在禁限用物质而导致的商场下架或产品召回的风险。厂商同样可以报告任何不良反应。

厂商对化妆品的安全性负完全责任，除着色剂外，化妆品及其成分不需要 FDA 进行上市前批准，在化妆品中使用新成分也无需许可。在美国，有很少的几种成分被严格管制或禁止，其中包括硫双二氯酚、六氯酚、汞（只在特殊情况下可作为眼部化妆品的防腐剂）、气溶胶型化妆品中的氯代乙烯和锆盐、卤化水杨酸、三氯甲烷和亚甲基氯化物。但美国部分州或部门会针对化妆品出台补充监管法规，包括禁限用原料清单。在产品投放美国市场前，所有的色素添加剂都必须通过 FDA 的安全性检验并许可其用途。每批色素添加剂必须由 FDA 鉴定。

三、日本

（一）法律文件

1.《药事法》（Pharmaceutical Affairs Law）：规范日本化妆品有效性和安全性的法律。

2.《化妆品基准》：规范管理化妆品成分，其中规定了化妆品可使用成分和禁止使用成分。

3.《有关化妆品标示的公平竞争协定》：由化妆品公正交易协商会根据《药事法》制定的化妆品标签和广告的规定。

4.《化妆品标签公平竞争规约实施规则》：详细规定了化妆品标签与广告的要求，包括每类化妆品的功效用语。

5.《化审法》：管控化学物质风险的法规。

6.《毒剧物管理法》：涉及化妆品运输物流。

7.《化妆品种别许可基准》：规范医药品和化妆品种别。

（二）化妆品的监管

日本厚生劳动省药物和医学安全局负责对医药部外品和化妆品的企业进行许可、产品审查、企业监督和管理。在产品质量管理方面，主管机关在许可时要保证产品严格符合厚生省标准；在上市后产品安全管理方面，收集产品质量、功效和安全性、正确使用的数据，基于以上情况采取相应的措施。日本药用化妆品是归属于医药部外品分类管理的，所以对药用化妆品的规制都体现在医药部外品相关监管法规中。

（三）化妆品定义

与欧盟相同，产品只能归属一类并遵循各自规定，但《药事法》也设立了一般规定，适用于两类产品。根据《药事法》，化妆品和医药部外品的定义分别为：

①化妆品是为了清洁和美化人体、增加魅力、改变容貌、保持皮肤及头发健美而涂擦、散布于身体或用类似方法使用的物品，是对人体作用缓和的物质。

②医药部外品的目的是"预防"，而非"治疗"，没有医疗功效，对身体起到缓和作用，但含有日本厚生劳动省认可（经实验证明且申请被批准）的有效成分，具有可期待的效果，如杀菌、抗菌、美白、祛斑、除臭等功效。

化妆品范围中的"医药部外品"被叫作"药用化妆品"，"药用"的情况有很多。"药用化妆品"是指具有防止皮肤粗糙、粉刺生成、美白、皮肤杀菌等被《药事法》承认的具有"医药部外品"的功能、效果，并且具有和化妆品一样的使用目的、使用方法的制品，如可对身体起到缓和作用，达到美白、嫩肤的功效的产品。

（四）化妆品的生产销售

化妆品的生产销售为备案制，医药部外品的生产销售改变为许可制。企业在获得厚生劳动省的批准后，才能生产销售医药部外品。化妆品的生产销售，企业只需向各级行政机关递交申请，在接受受理之后就可以进行生产销售。

日本管理化妆品及医药部外品遵循的基本法律是《医药品、医疗器械等品质、功效及安全性保证等有关法律》（简称《药事法》），该法规定了医药部外品、化妆品等用语的定义、标签广告、监督管理、进出口等相关事宜。

化妆品上市销售前，销售该产品的公司（制造和销售业务）需要向所在的县提交产品备案，通知政府（县）该产品将在市场上销售。通报内容仅为产品的品牌名称和产品的制造工艺，不需要审查。

原则上对于医药部外品的上市销售采用的是审批制，即生产经营者应在医药部外品取得日本主管机关的"审批"后，才能生产和销售。对于成分相对单纯、对人体影响较小的化妆品，只有在添加厚生劳动大臣指定的成分时，才须事前取得"审批"。2017年4月，厚生劳动省颁布了《医药部外品临床试验评价指南》。该指南指出，在对医药部外品的新有效成分进行审查时，在临床试验中应追加"人体长期给药（安全性）试验"。

化妆品中使用的成分原则上由企业自行承担责任，其需要符合《化妆品基准》。对于化妆品生产所使用的原料，厚生劳动省将其分为两类来管理，第一类原料是化妆品使用的防腐剂、紫外线吸收剂和焦油色素；第一类是除防腐剂、紫外线吸收剂和焦油色素之外的其他化妆品原料。对于第一类原料，厚生劳动省发布"许可原料名单"，企业生产化妆品要使用此类原料时只能使用名单之内的原料，使用名单之外的原料必须经过审批。对于第二类原料，厚生劳动省发布"化妆品禁止使用成分和限制使用成分名单"，企业生产化妆品不得使用禁用物质，选用限用物质必须符合限用标准（包括使用量、浓度、用途、规格等），此名单之外的原料企业可任意使用，但对其安全性负责。

（1）防腐剂、紫外线吸收剂、焦油色素　企业生产化妆品要使用此类原料时只能使用名单之内的原料，并满足对应的使用条件，使用名单之外的原料必须经过审批。防腐剂和紫外线吸收剂参见《化妆品基准》附录3、4，焦油色素参考《医药用指定焦油色素部级条例》。

（2）禁止使用成分　厚生劳动省发布"化妆品禁止使用成分名单"，企业生产化妆品不得使用禁用物质，禁止添加的成分主要有药品成分，当然有先例或批准的也是可以添加的；不符合生物提取原料标准的成分（人体/动物提取原料相关标准）及《化妆品标准》禁用列表中收录的成分（30个）。

（3）其他限用成分　对于防腐剂、紫外线吸收剂和焦油色素外的限用物质，须符合《化妆品基准》附录2中限用要求（包括浓度、用途、规格等）。

（4）其他化妆品原料　禁止和限用名单之外的原料企业可任意使用，但企业需要对其安全性负责，对于没有标准化妆品原料名称的，可以向JCIA（日本化妆品工业联合会）提出申请。

四、韩国

（一）法律文件

1.《化妆品法》（Cosmetics Act） 规定了化妆品的生产、进口、销售及出口等相关事项。

2.《功能性化妆品审查相关规定》 规定了功能性化妆品的审查材料、审查标准。

3.《化妆品安全标准等相关规定》 规定了化妆品中不得使用的原料及使用上有限制的原料使用标准、针对型化妆品中可以使用的原料、流通化妆品的安全管理标准等。

4.《化妆品标示广告实证相关规定》 规定了化妆品的标示、广告相关内容。

（二）化妆品的监管

韩国化妆品的主要监管部门为食品药品安全部（Ministry of Food and Drug Safety，简称 MFDS）和保健福祉部。韩国保健福祉部在化妆品的研发阶段对化妆品的研发进行支持。MFDS 总管化妆品的生产、进口、流通和使用阶段的各类事项，生产、进口阶段的管理包括化妆品质量管理标准、安全管理标准、功能性化妆品审查、生产及进口情况、原料目录报告、国际药品生产管理标准（CGMP）以及化妆品的生产、销售营业注册；流通阶段的管理包括进口通关、广告、标签等；使用阶段的管理包括安全性信息报告。

MFDS 下设化妆品政策科、化妆品审查科、化妆品研究小组。其中，化妆品政策科负责化妆品法规政策的制定等，化妆品审查科负责功能性化妆品的审查等，化妆品研究小组负责化妆品检查、试验方法的研究等。

（三）化妆品定义

韩国将化妆品分成一般化妆品和机能性化妆品两大类进行管理。如参照中国化妆品的概念和范围，还有一部分化妆品在韩国按医药外品管理。

在《化妆品法》第 2 条中，化妆品被定义为起到清洁、美化人体的效果，以增加魅力，使容貌变得更加靓丽，或者可以保持或加强肌肤、毛发健康，以涂抹、轻揉或喷洒等类似方法用于人体的物品，并且对人体作用轻微。

功能性化妆品是指属于以下任何一种的，且由卫生和福利部法规所指定的化妆品，分别是有助于改善肌肤皱纹的产品；有助于美白肌肤的产品；有助于均匀晒黑肌肤或具有抵抗紫外线保护肌肤功效的产品、染发剂，脱染/脱色剂，脱毛剂；有助于改善脱发症状的产品；有助于缓解粉刺型肌肤的产品（仅限于人体清洗类产品）；有助于缓解特应性皮炎引起的皮肤干燥的产品和有助于淡化萎缩纹引起的红色纹的产品。

韩国化妆品的法规制度中新增加了"定制型化妆品"，定义为在制造或进口的化妆品内容物中添加其他化妆品的内容物或韩国食品医药品安全处规定的原料而混合的化妆品。

（四）化妆品的生产与产品

韩国化妆品的制造包括制造业者（即实际生产化妆品的企业）和责任销售业者（分为三种：销售自己制造的产品，销售委托制造的产品，销售海外进口的产品）。责任销售业者必须指定一名责任销售业者管理者，并到食品药品安全处登记责任销售业者管理者。同时，责任销售业者要监督管理制造业者。

制造或销售化妆品需要向食品医药品安全部申请登记。制造者应按照规定的设施标准，具备相应的设施并符合相关规定，责任销售业者则需要具备符合化妆品的品质管理、销售后的安全管理标准以及可以进行管理的"责任销售业管理者"。

在 GMP 管理方面，韩国政府鼓励生产企业遵循化妆品的良好生产规范，但并非强制性制度。在获得"化妆品良好生产规范证书"后，企业须通过每 3 年一次的检查。对第三方生产企业和出口企业的监管与国内相同，第三方生产企业及其产品由制造销售者负责进行监管。

一般化妆品上市前不需要进行任何备案或许可，机能性化妆品在上市前需通过审查或报告，医药外品需要通过申告或许可。不在韩国国内销售，以出口为目的的产品仅需遵守出口国的规定。机能性化妆品中可以采取报告制的产品范围为：①与告示的功效原料种类、含量、功效、效果、用法、用量和标准及试验方法相同的机能性化妆品；②与已经审核过的机能性化妆品（相同制造销售者或制造者）功效原料的种类、规格、含量、功效、效果、标准及试验方法、用法用量、剂型各项相同的机能性化妆品。

韩国化妆品的日常监督管理主要分为定期检查和不定期检查。定期检查由食品医药品安全部各地方厅进行定期抽查，在发现不良情况时进行处理并向食品医药品安全部汇报。不定期检查则是由食品医药品安全部根据市场流通销售的实际情况（如遇到重大安全事件或紧急需要时）进行的不定期检查。

食品医药品安全部每年根据需要制定抽检计划，安排当年的抽检产品种类和负责单位等具体内容，食品医药品安全部各地方厅会按照指示抽检。食品医药品安全部部长认为有必要时，可以要求制造销售者、制造者、销售者或其他从事化妆品相关业务人员进行相关报告；指派监管人员去化妆品制造场所、营业所、仓库、销售地、其他办理化妆品的场所对其设备或相关账本或资料、其他物品进行检查或提问相关负责人。为检查化妆品的品质、安全标准、包装的标识事项等是否符合标准，食品医药品安全部可以回收最小量进行检查。

韩国对于化妆品原料的管理采用否定清单制度，食品医药品安全部制定了《化妆品安全标准等相关规定》和《化妆品色素种类、标准和试验方法》，其中规定了禁用原料和限用原料清单。包括禁用原料 1033 种，限用防腐剂 59 种，限用防晒剂 30 种，限用着色剂 101 种，其他限用原料 69 种。

清单以外的其他原料都可以自由使用。染发产品在韩国属于医药外品，在食品医药品安全部制定的《医药外品标准制造基准》中规定了限用的 51 种染发剂。

机能性化妆品功效原料按照《功能性化妆品审查相关规定》进行管理，包括 9 种美白功效原料和 4 种抗皱功效原料清单，防晒剂清单和《化妆品安全标准相关规定》中一致，使用清单以外的功效原料时需在申报机能性化妆品时提交相应资料。现增加了 6 种机能性化妆品，其涉及的功效原料的审查需关注。

除了按照禁限用物质清单和功效原料清单管理外，《化妆品法》第 8 条中还要求对国内外报道的含有危害物质并对国民健康有危害的化妆品原料，食品医药品安全部应迅速开展危害评价，判定是否具有危害性。完成危害评价后，食品医药品安全部部长可将相关化妆品原料列为禁用物质或限用物质。

流通化妆品安全管理标准中规定了内容物量标识的要求和终产品的卫生化学指标，包括铅、汞、砷、pH、二烷、甲醛、甲醇、邻苯二甲酸盐类（DBP、BBP、DEHP）、细菌总数和致病菌的限量要求。

第二节　我国化妆品相关法规标准

中华人民共和国成立初期，我国化妆品生产企业很少，没有专门的法律法规，也没有专门的行政管理部门。直至 20 世纪 80 年代，化妆品才作为一个独立行业受到社会关注，化妆品监管工作也开始经历了从无到有、从有到优的历程。

随着化妆品行业的快速发展，自 1989 年开始，我国化妆品的产业规模、生产水平、产品种类有了翻天覆地的变化，生产企业的数量由不足 100 家上升到 5000 多家。2021年，随着《化妆品监督管理条例》的发布实施，监管部门先后发布了一系列法规、规章、公告文件，加强了监管力度，对推动化妆品行业的规范发展，保障消费者的健康，与国际法规标准接轨起了积极有效的作用。

（一）法律文件

1. 监督管理条例
《化妆品监督管理条例》2020-06-29
2. 安全技术规范
《化妆品安全技术规范》2015-12-23
3. 管理办法
《化妆品注册备案管理办法》2021-01-07
《化妆品生产经营监督管理办法》2021-08-02
《化妆品标签管理办法》2021-06-03
《化妆品不良反应监测管理办法》2022-02-21
《进出口化妆品检验检疫监督管理办法》2018-11-23
《化妆品网络经营监督管理办法》2023-04-04
《牙膏监督管理办法》2023-03-16
《化妆品抽样检验管理办法》2023-01-12

4. 法规文件

《化妆品新原料注册备案资料管理规定》2021-02-26

《化妆品注册备案资料管理规定》2021-02-26

《化妆品生产质量管理规范》2022-01-07

《儿童化妆品监督管理规定》2021-10-08

《化妆品功效宣称评价规范》2021-04-08

《化妆品注册和备案检验工作规范》2020-09-03

《化妆品安全评估技术导则》2021-04-08

《已使用化妆品原料目录》2021-04-27

《国际化妆品原料标准中文名称目录》2010-12-14

《化妆品分类规则和分类目录》2021-04-08

《防晒化妆品防晒效果标识管理要求》2016-06-01

《儿童化妆品标志》2021-12-01

《化妆品生产质量管理规范检查要点及判定原则》2022-10-25

5. 指南 / 导则

《化妆品原料安全信息填报技术指南》2021-12-31

《化妆品注册备案资料提交技术指南（试行）》2021-04-12

6. 管理系统

化妆品生产许可信息管理系统 – 操作手册 2022-01-01

化妆品原料安全信息登记平台 – 操作手册 2021-12-31

化妆品账号注册及企业信息资料管理 – 操作手册 2021-05-01

普通化妆品备案管理系统 – 操作手册 2021-05-01

化妆品特证及新原料申报审评系统 – 操作手册 2021-05-01

化妆品注册和备案检验信息管理系统 – 检验机构用户手册 2020-04-08

化妆品注册和备案检验信息管理系统 – 企业用户手册 2020-04-08

（二）化妆品的监管

在我国，国务院药品监督管理部门负责全国化妆品监督管理工作，主要职责是负责化妆品安全监督管理、化妆品标准管理、化妆品注册管理、化妆品质量管理、化妆品上市后风险管理；组织开展化妆品不良反应的监测、评价和处置工作；依法承担化妆品安全应急管理工作；负责组织指导化妆品监督检查，制定检查制度，依法查处化妆品注册环节的违法行为，依职责组织指导查处生产环节的违法行为；负责化妆品监督管理领域对外交流与合作，参与相关国际监管规则和标准的制定。

2013 年以前的化妆品监管分为化妆品卫生监督和化妆品产品质量监督管理，原卫生部管理的各级食品药品监督管理局负责依据《化妆品卫生监督条例》对化妆品生产、经营单位的卫生监督，由省级食品药品监督管理部门依法对化妆品生产企业发放"化妆品生产企业卫生许可证"；各级质量监督部门和工商行政管理部门依据《中华人民共和国产品质量法》《中华人民共和国工业产品生产许可证管理条例》等依法对化妆品生产企业发放"全国工业产品生产许可证";各地工商行政管理部门负责化妆品广告和流通领域的监督管理。2013年国务院机构改革和职能转变,组建了国家食品药品监督管理总局,主管化妆品的监督管理,将化妆品生产行政许可与化妆品卫生行政许可两项整合为一项,并由省级食品药品监督管理部门依法对化妆品生产企业发放"化妆品生产企业卫生许可证",并由各级食品药品监督管理部门对化妆品生产及流通领域监督管理。

《化妆品监督管理条例》(以下简称《条例》)共6章80条,一是贯彻落实"放管服"改革要求。完善了化妆品和化妆品原料的分类管理制度,简化了注册、备案流程,鼓励和支持化妆品研究创新,优化企业创新制度环境。二是强化企业的质量安全主体责任。明确了化妆品注册人、备案人的主体责任,加强了生产经营全过程管理和上市后质量安全管控,确立了化妆品和化妆品原料的安全再评估制度以及问题化妆品召回制度,进一步保障化妆品质量安全。三是完善监管措施。建立化妆品风险监测和评价制度,规范执法措施和程序,增加责任约谈、紧急控制、举报奖励、失信联合惩戒等监管措施,提高监管的科学性、有效性、规范性。四是加大对违法行为的惩处力度,对违法者用重典,将严重违法者逐出市场,为守法者营造良好发展环境。建立高效监管体系,规范监管行为。在中华人民共和国境内从事化妆品生产经营活动及其监督管理,应当遵守本《化妆品监督管理条例》。

《条例》明确了化妆品定义。按照风险程度将化妆品分为特殊化妆品和普通化妆品,将化妆品新原料分为具有较高风险的新原料和其他新原料,分别实行注册和备案管理。完善了化妆品和化妆品原料的分类管理制度,并简化注册、备案流程,明确注册、备案的资料,优化服务;鼓励和支持化妆品研究创新,优化企业创新制度环境,强调鼓励和支持结合我国传统优势项目和特色植物资源研究开发化妆品。

在保障化妆品质量安全方面,落实企业主体责任。明确注册人、备案人对化妆品的质量安全和功效宣称负责;对化妆品和新原料进行安全评估;加强生产经营过程的质量管理;规范化妆品标签和广告宣传;加强化妆品上市后的质量安全管控。注册人、备案人应建立开展不良反应监测、问题化妆品及时召回和实施化妆品和原料的安全再评估制度。

监管措施方面,建立化妆品风险监测和评价制度;加强执法规范化建设,规范执法措施和程序;丰富监管手段和监管措施,授权国务院药品监管部门制定补充检验项目和检验方法;加强信息公开和信用惩戒,及时公布监管信息,建立信用档案,对有严重不良信用记录的生产经营者实施联合惩戒。

化妆品功效宣称方面,《条例》对化妆品功效宣称确立了以企业自律和社会监督为主,同时政府部门加强事中事后监管的管理模式。规定化妆品注册人或者备案人对化妆品的功效宣称负责;规定化妆品的功效宣称应当有充分的科学依据,并公开依据摘要,接受社会监督。禁止化妆品标签明示或者暗示具有医疗作用,禁止标注虚假或者引人误解的内容;化妆品广告不得以虚假或者引人误解的内容欺骗、误导消费者;并在法律责任一章规定了相应罚则。

在法律责任方面，《条例》细化给予行政处罚的情形，设置严格的法律责任，有过必有罚、过罚相当；加大处罚力度，综合运用没收、罚款、责令停产停业、吊销许可证件、市场和行业禁入等处罚措施，大幅提高罚款数额；增加"处罚到人"规定，对严重违法单位的法定代表人或主要负责人、直接负责的主管人员和其他直接责任人员处以罚款，一定期限直至终身禁止从事化妆品生产经营活动。

（三）化妆品定义

化妆品是指以涂擦、喷洒或者其他类似方法，施用于皮肤、毛发、指甲、口唇等人体表面，以清洁、保护、美化、修饰为目的的日用化学工业产品。

（四）化妆品的生产与产品

我国对化妆品生产企业实行生产许可制，从事化妆品生产应当取得省级药品监管部门核发的"化妆品生产许可证"才能允许从事化妆品生产活动。化妆品分为特殊化妆品和普通化妆品。国家对特殊化妆品实行注册管理，对普通化妆品实行备案管理；化妆品原料分为新原料和已使用的原料。国家对风险程度较高的化妆品新原料实行注册管理，对其他化妆品新原料实行备案管理。

化妆品生产企业的生产许可。《化妆品监督管理条例》第二十六条规定，从事化妆品生产活动的企业应当具备下列条件：①是依法设立的企业；②有与生产的化妆品相适应的生产场地、环境条件、生产设施设备；③有与生产的化妆品相适应的技术人员；④有能对生产的化妆品进行检验的检验人员和检验设备；⑤有保证化妆品质量安全的管理制度。第二十七条规定，从事化妆品生产活动，企业应当向所在地省、自治区、直辖市人民政府药品监督管理部门提出申请，提交其符合本条例第二十六条规定条件的证明资料，并对资料的真实性负责。省、自治区、直辖市人民政府药品监督管理部门应当对申请资料进行审核，对申请人的生产场所进行现场核查，对符合规定条件的，准予许可并发给化妆品生产许可证。

化妆品产品上市前，普通化妆品应向药品监督管理部门申请备案，特殊化妆品应申请注册。对普通化妆品实行备案管理，普通化妆品待通过备案可上市销售；特殊化妆品获批准注册后方能开展生产。普通化妆品和特殊化妆品的备案、注册申请均需提交化妆品注册或者备案资料，申请资料应符合《化妆品安全技术规范（2015 年版）》以及相关法规文件规定。

《化妆品安全技术规范（2015 年版）》是《化妆品监督管理条例》的技术支撑，也是原卫生部印发的《化妆品卫生规范》（2007 年版）的修订版，2015 年 12 月 23 日由国家食品药品监督管理总局批准颁布。《化妆品卫生规范》曾先后修订印发过 1999 年版、2002 年版、2007 年版。《化妆品安全技术规范（2015 年版）》发布实施后，2021 年 5 月 28 日国家药监局发布了 2021 年第 74 号公告，将化妆品禁用原料目录、化妆品禁用植（动）物原料目录替代《化妆品安全技术规范（2015 年版）》原有禁用组分表，并纳入相应章节；同时还先后发布公告，补充了检验检测方法，包括化妆品祛斑美白功效测试方法（2021/2/18）、化妆品防脱发功效测试方法（2021/2/18）、《油包水类化妆品的 pH 值测定方法》（2023/08/28）等 21 项，并均纳入相应章节。

《化妆品安全技术规范（2015 年版）》适用于中华人民共和国境内生产和经营的化妆品（仅供境外销售的产品除外）。化妆品安全通用要求规定化妆品应经安全性风险评估，确保在正常、合理的及可预见的使用条件下，不得对人体健康产生危害。

1. 化妆品配方：一是不得使用《化妆品安全技术规范（2015 年版）》中规定的化妆品禁用组分，若技术上无法避免禁用物质作为杂质带入化妆品时，国家有限量规定的应符合其规定；未规定限量的，应进行安全性风险评估，确保在正常、合理及可预见的适用条件下不得对人体健康产生危害。二是若使用化妆品限用组分中列的物质应符合其相关规定。三是化妆品配方中所用防腐剂、防晒剂、着色剂、染发剂，必须是对应规范中所列的物质，并应符合相关规定。

2. 化妆品中微生物指标：应符合"菌落总数（眼部化妆品、口唇化妆品和儿童化妆品）≤ 500CFU/g 或 CFU/mL，其他化妆品 ≤ 1000（CFU/g 或 CFU/mL），霉菌和酵母菌总数 ≤ 100（CFU/g 或 CFU/mL），耐热大肠菌群、金黄色葡萄球菌、假单胞菌 /g（或 mL）均不得检出"的规定；化妆品中有害物质限值应符合"汞 ≤ 1（mg/kg）（含有机汞防腐剂的眼部化妆品除外）、铅 ≤ 10（mg/kg）、砷 ≤ 2（mg/kg）、镉 ≤ 5（mg/kg）、甲醇 ≤ 2000（mg/kg）、二噁烷 ≤ 30（mg/kg）、石棉不得检出"的规定。

3. 包装材料方面：直接接触化妆品的包装材料应当安全，不得与化妆品发生化学反应，不得迁移或释放对人体产生危害的有毒有害物质。标签要求，凡化妆品中所用原料按照技术规范需在标签上标印使用条件和注意事项的，应按相应要求标注；其他要求应符合国家有关法律法规和规章标准要求。

4. 儿童用化妆品要求：儿童用化妆品在原料、配方、生产过程、标签、使用方式和质量安全控制等方面除满足正常的化妆品安全性要求外，还应满足相关特定的要求，以保证产品的安全性；儿童用化妆品应在标签中明确适用对象。

5. 化妆品原料：应经安全性风险评估，确保在正常、合理及可预见的使用条件下，不得对人体健康产生危害，化妆品原料质量安全要求应符合国家相应规定，并与生产工艺和检测技术所达到的水平相适应；原料技术要求内容包括化妆品原料名称、登记号（CAS 号和 / 或 EINECS 号、INCI 名称、拉丁学名等）、使用目的、适用范围、规格、检测方法、可能存在的安全性风险物质及其控制措施等内容，化妆品原料的包装、储运、使用等过程，均不得对化妆品原料造成污染；直接接触化妆品原料的包装材料应当安全，不得与原料发生化学反应，不得迁移或释放对人体产生危害的有毒有害物质。对有温度、相对湿度或其他特殊要求的化妆品原料应按规定条件储存；化妆品原料应能通过标签追溯到原料的基本信息（包括但不限于原料标准中文名称、INCI 名称、CAS 号和 / 或 EINECS 号）、生产商名称、纯度或含量、生产批号或生产日期、保质期等中文标识；属于危险化学品的化妆品原料，其标识应符合国家有关部门的规定；动植物来源的化妆品原料应明确其来源、使用部位等信息；动物脏器组织及血液制品或提取物的化妆品原料，应明确其来源、质量规格，不得使用未在原产国获准使用的此类原料；使用化妆品新原料应符合国家有关规定。

化妆品注册或者备案资料需关注的是：

1. 原料名称：根据原国家食品药品监督管理局《关于印发国际化妆品原料标准中文名称目录（2010年版）的通知》（国食药监许〔2010〕479号）规定，生产企业在申报化妆品行政许可时，申报材料中涉及的化妆品原料名称属"目录"中已有的原料，应提供"目录"中规定的标准中文名称。因原料的命名方式很多，同一原料的名称多种多样，因此，整理化妆品注册或者备案资料时，所有原料应转换成《国际化妆品原料标准中文名称目录》（2010年版）中的标准中文名称。一般情况，原料的INCI名称或拉丁名相同的表示是同一原料。

2. 已使用原料与新原料：在《已使用化妆品原料目录（2021版）》中刊载的原料为已使用化妆品原料，未刊载为新原料。

3. 《化妆品安全技术规范（2015年版）》《化妆品注册备案管理办法》《化妆品标签管理办法》《化妆品注册备案资料管理规定》《化妆品功效宣称评价规范》《化妆品注册和备案检验工作规范》《化妆品分类规则和分类目录》等与化妆品注册或者备案资料直接相关，需认真学习领会。

主要参考文献 ▷▷▷▷

[1] 祝钧，王昌涛. 化妆品植物学 [M]. 北京：中国农业大学出版社，2009.

[2] 刘华钢. 中药化妆品学 [M]. 北京：中国中医药出版社，2006.

[3] 尹志刚，王小康，张太军，等. 我国化妆品发展历史、行业现状与未来——发展历史与行业现状 [J]. 轻工学报，2021：1–21.

[4] 谷建梅. 化妆品与调配技术 [M]. 北京：人民卫生出版社，2010.

[5] 王领. 植物活性成分在化妆品护肤领域的应用和发展 [J]. 中国化妆品，2021（08）：18–21.

[6] 裴鸿，李向阳. 国内外化妆品市场现状及未来 [J]. 日用化学品科学，2008，30（9）：323–331.

[7] 雷良. 正常人体结构 [M]. 上海：复旦大学出版社，2011.

[8] 黄长征. 英汉皮肤性病学 [M]. 武汉：华中科技大学出版社，2010.

[9] 兰长贵. 皮肤病学的理论与实践 [M]. 成都：四川科学技术出版社，2009.

[10] 曹元华，陈志强. 中国女性皮肤病学 [M]. 北京：中国协和医科大学出版社，2009.

[11] 董银卯. 化妆品植物原料开发与应用 [M]. 北京：化学工业出版社，2019.

[12] 王建新. 化妆品植物原料大全 [J]. 中国化妆品，2020（02）：121.

[13] 刘有停. 化妆品植物原料产业发展未来可期 [N]. 中国医药报，2021–10–19（007）.

[14] 李帅涛，石钺，何淼，等. 化妆品植物原料现状及应用发展 [J]. 中国化妆品，2022（Z2）：74.

[15] 李丽，董银卯，郑立波. 化妆品配方设计与制备工艺 [M]. 北京：化学工业出版社，2018.

[16] 中国检验检疫科学研究院. 化妆品检测指南 [M]. 北京：中国标准出版社，2010.

[17] 冉国侠. 化妆品评价方法 [M]. 北京：中国纺织出版社，2011.

[18] 董银卯，李丽，孟宏，等. 化妆品配方设计 7 步 [M]. 北京：化学工业出版社，2016.

[19] 董银卯. 化妆品配方设计与生产工艺 [M]. 北京：化学工业出版社，2018.

[20] 唐冬雁，刘本才. 化妆品配方设计与制备工艺 [M]. 北京：化学工业出版社，2003.

[21] 国家药品监督管理局 . 化妆品安全技术规范 [S]. 北京：中国标准出版社，2015.

[22] 阎世翔 . 化妆品科学（上下）[M]. 北京：科学技术文献出版社，1998.

[23] 王培义 . 化妆品——原理·配方·生产工艺 [M]. 2 版 . 北京：化学工业出版社，2006.

[24] 王鹏，郭若曦，韩少君，等 . 化妆品保湿功效人体评价试验方法 [J]. 日用化学品科学，2021，44（07）：66-69.

[25] 中华人民共和国卫生部 . 化妆品安全性评价程序和方法 [M]. 北京：中国标准出版社，1987.

[26] 何一凡，张晓洁 . 化妆品防晒功效评价方法 [N]. 中国医药报，2021-01-12（006）.

[27] 秦钰慧 . 化妆品管理及安全性和功效型评价 [M]. 北京：化学工业出版社，2007.